IMPRESS NextPublishing

技術の泉シリーズ

ステップアップ脆弱性診断

ツールを比較しながら初級者から中級者に！

松本 隆則 著

脆弱性診断ツール徹底比較！

技術の泉 SERIES

GIJUTSU no IZUMI SERIES

インプレス

目次

はじめに

本書を手に取っていただき、誠にありがとうございます。

本書は、Webアプリケーションの脆弱性診断において世界中で使用されているふたつのツール「OWASP ZAP」と「Burp Suite」の機能を比較しながら、脆弱性診断の進め方や具体的な手法の基礎を学ぶことを目的としています。

そもそもの執筆のきっかけは、筆者が主催しているOWASP ZAPハンズオンセミナー「脆弱性診断ええんやで(^^)[1]」にて多く寄せられる、「OWASP ZAPとBurp Suiteの無償版はどちらを使ったらいいのか」や「Burp Suiteの無償版と有償版の違いは何か」などのご質問に答えるために執筆しました。

免責事項

本書に記載された内容は、情報の提供のみを目的としています。したがって、本書を用いたツールの検証や脆弱性診断作業は、必ずご自身の責任と判断によって実施してください。本書の情報によるツールの検証や脆弱性診断作業の結果について、筆者はいかなる責任も負いません。

表記関係

本書に記載されている会社名、製品名などは、一般に各社の登録商標または商標、商品名です。会社名、製品名については、本文中では©、®、™マークなどは表示していません。

著作権

本書の一部または全部について、筆者あるいは脆弱性診断研究会からの文書による許諾を得ずに、いかなる方法においても無断で複写または複製することは法律により禁じられています。

本書で使用している診断ツールのバージョン

本書では、次のバージョンのOWASP ZAPおよびBurp Suiteを使用しています。

ツール	バージョン
OWASP ZAP	Version 2.12.0
Burp Suite Community Edition	v2023.1.2 (stable)
Burp Suite Professional	v2023.1.2 (stable)

それぞれのツールのバージョン確認方法は次のとおりです。

1. 脆弱性診断研究会：https://security-testing.doorkeeper.jp/

OWASP ZAP

メニューの「ヘルプ」＞「OWASP ZAPについて」で表示されるダイアログにバージョンが記載されています。

図1:「ヘルプ」＞「OWASP ZAPについて」

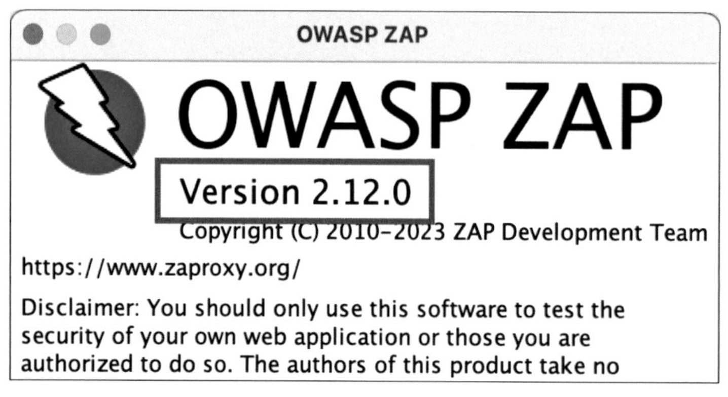

Burp Suite

メニューの「Help」＞「About」で表示されるダイアログにバージョンが記載されています。

図2:「Help」＞「About」

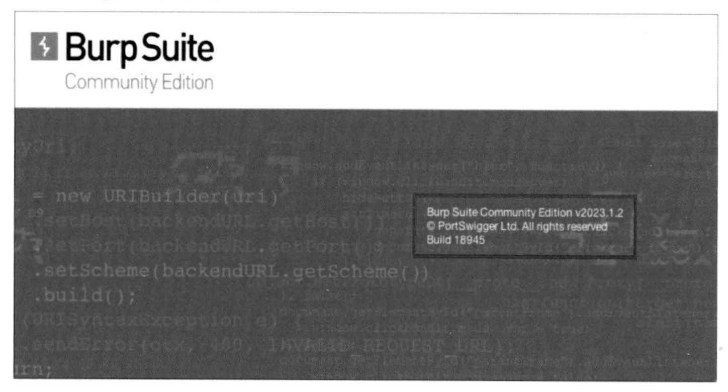

なお、執筆時期の都合により、一部、旧バージョンのツールのキャプチャを使用しています。

OWASP ZAPについて

OWASP

OWASP（The Open Worldwide Application Security Project）[1]は、2000年に創設されたソフトウェアのセキュリティ向上のために活動している国際的でオープンな非営利のコミュニティです。OWASPのさまざまなプロジェクトには誰もが自由に参加して活用できます。

世界中の国や地域にOWASPの活動拠点「OWASP Local Chapter」が多数存在しています。

OWASP Japan

日本にも複数のOWASP Local Chapterがあります。

筆者は首都圏を活動拠点とするLocal Chapterの「OWASP Japan」のプロモーションチームに所属しています。

ウェブサイト

https://owasp.org/www-chapter-japan/

Twitter

https://twitter.com/owaspjapan

OWASP ZAP

OWASP ZAP (OWASP Zed Attack Proxy)は脆弱性診断ツールです。プロキシとして動作してブラウザとウェブアプリケーション間の通信の閲覧および改変が可能です。OWASP ZAPはオープンソースであり、ライセンスはApache License Version 2.0[2]です。商用・非商用問わず無償で利用可能です。

公式サイト

https://www.zaproxy.org/

Twitter

https://twitter.com/zaproxy

1.https://www.owasp.org/

2.https://www.apache.org/licenses/LICENSE-2.0

OWASP ZAPの元ネタ

OWASP ZAPは、とある民間企業が公開していた「Paros」という名前のツールが元になっています。OWASP ZAPのソースコードのパッケージ名などに「paros」という名称が今でも残っています。

Burp Suiteについて

PortSwigger社が開発している「Burp Suite」は、Webアプリケーションの脆弱性診断に使用されるツールです。Burp SuiteにはWebアプリケーションの脆弱性診断に必要なさまざまな機能が実装されています。

Burp Suiteには以下のような機能があります。

Proxy

Webブラウザからの通信をプロキシとして中継して、HTTPやHTTPSの通信内容を解析・修正できます。Webアプリケーションが受け取ったリクエスト・レスポンスをリアルタイムで確認可能です。

Intercept

プロキシ機能で中継される通信内容をユーザーが手動で修正できる機能です。これにより、Webアプリケーションの動作確認や脆弱性の検証などを行うことができます。

Repeater

Scannerなどで検出した脆弱性を検証するための機能です。Scannerで検出されたリクエストを取り出し、そのリクエストを変更して複数回送信することで脆弱性を検証できます。

Scanner

Webアプリケーションに対して、自動的に脆弱性診断を実施するツールです。SQLインジェクションやクロスサイトスクリプティング（XSS）などの脆弱性を検出するための機能を備えています。

Burp Suiteはこれらの機能に加え多彩な拡張機能を提供しており、Webアプリケーションの脆弱性診断に欠かせないツールとして広く利用されています。

PortSwigger

PortSwigger社は2004年にDafydd Stuttardによって設立されました。本社はイギリスのナッツフォードにあります。

ウェブサイト

https://portswigger.net/

Twitter

https://twitter.com/portswigger

Burp Suite Community Edition

Burp Suite Community Editionは、無償の脆弱性診断ツールです。自動的に脆弱性を診断するScannerは省略されていますが、InterceptやRepeaterなどの基本的なツールが実装されています。

Burp Suite Professional

Burp Suite Professionalは、有償の脆弱性診断ツールです。Burp Suite Community Editionに実装されている機能に加えて、本格的な脆弱性診断の実施に有益なScannerやレポート作成などの機能が実装されているため、世界中で多くの脆弱性診断のプロが使用しています。

第1章　脆弱性診断

1.1　脆弱性とは

次の文章は、総務省のウェブサイト「脆弱性（ぜいじゃくせい）とは？｜どんな危険があるの？｜基礎知識｜国民のための情報セキュリティサイト[1]」より引用したものです。

> 脆弱性（ぜいじゃくせい）とは、コンピュータのOSやソフトウェアにおいて、プログラムの不具合や設計上のミスが原因となって発生した情報セキュリティ上の欠陥のことを言います。

脆弱性が「**プログラムの不具合や設計上のミス**」であるならば、一般的な開発手法に則ってテストを実施することにより、製品のリリース前に脆弱性を検出して正しく修正することができるはずです。しかし、実際には、ウェブサイトやスマートフォンアプリケーションが世の中に正式にリリースされてから脆弱性が発見される事例が後を絶ちません。

確かに、脆弱性はプログラムの不具合なのですが、正常系テストだけでは発見するのが難しく、異常系テストでもテストの方法によっては見落としがちです。

脆弱性を検出するには「ひと工夫」が必要です。

1.2　脆弱性診断とは

脆弱性診断とは、異常系テストにひと工夫を加えた「ちょい足し異常系テスト」です。

たとえば、ログインが必要なウェブサイトでログインIDを入力するフォームをテストするとします。このとき、ログインIDとして「O'Reilly」を入力してみます。「O'Reilly」に含まれる「'（シングルクォーテーション）」は、SQLの文法上、特別な意味を持つ文字として取り扱われます。このため、ログイン処理にSQLインジェクション脆弱性が存在している場合、内部エラーが発生して画面にエラーメッセージが表示されるかもしれません。

次図は脆弱性診断演習用ウェブサイトである「OWASPMutilledae II[2]」のログインフォームの名前入力欄に「O'Reilly」と入力して送信した例です。SQLインジェクション脆弱性がログイン処理に

1.http://www.soumu.go.jp/main_sosiki/joho_tsusin/security/basic/risk/11.html

2.https://www.owasp.org/index.php/OWASP_Mutillidae_2_Project

存在しているため、フォーム送信後の画面にデータベース処理に関連するエラーメッセージが表示されました。

図 1.1: データベース関連エラーの表示

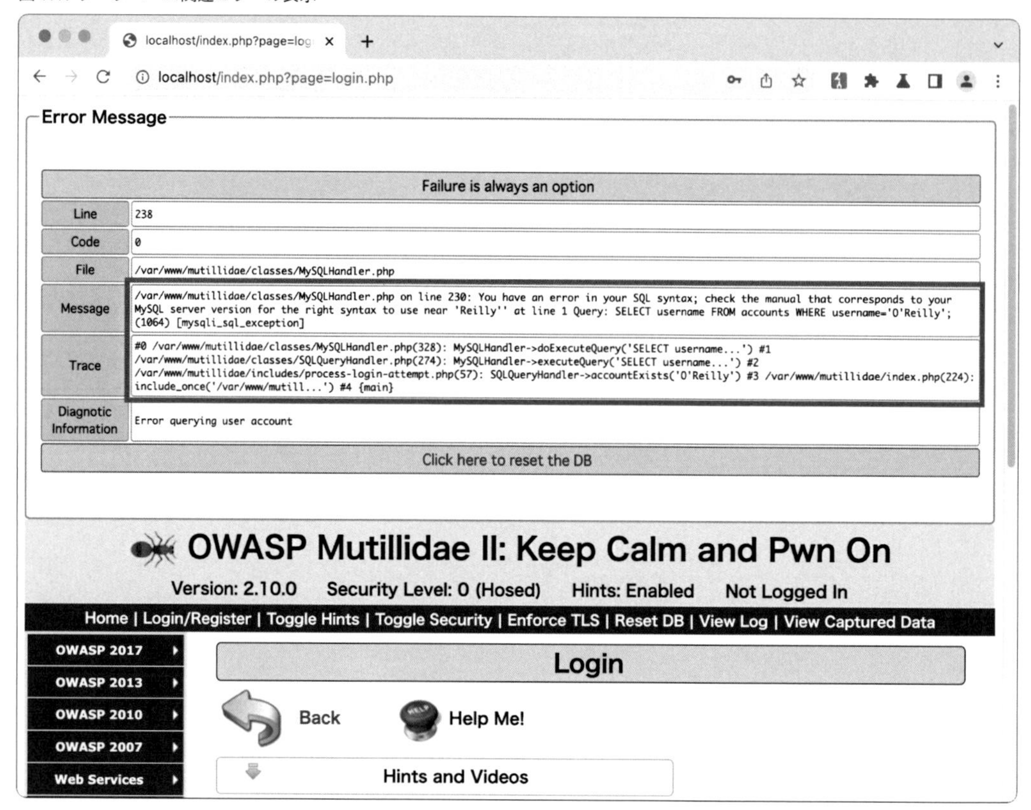

本例ではログインフォームの名前入力欄に特定の記号を含む文字列を入力して送信しただけで、脆弱性を検出することができました。しかし、実際に脆弱性を検出しようとした場合、対象ウェブサイトのすべてのフォームについて、ブラウザだけを使用して手作業で「ちょい足し異常系テスト」を実施するのは、多大な時間がかかってしまうため現実的ではありません。

そこで、脆弱性診断を生業としているセキュリティエンジニアは、「ちょい足し異常系テスト」を効率よく実施するために「OWASP ZAP」や「Burp Suite」などの脆弱性診断ツールを使用しています。

第2章　脆弱性診断フロー

脆弱性診断を実施する場合、セキュリティベンダーやエンジニアによってやり方に多少の差異はありますが、概ね、次の流れで作業を進めます。

1. 診断対象確認
2. 診断対象選定
3. 診断作業準備
4. 診断作業実施
5. 診断結果考察
6. 診断結果報告

本章では、それぞれの作業の考え方を説明します。

具体的な診断ツールの使い方を知りたい方やOWASP ZAPとBurp Suiteの使い勝手を比較したい方は、次章以降をお読みください。

2.1　診断対象確認

診断すべき画面や機能を調査するために、診断対象候補を確認する作業を実施します。この作業を一般に「クローリング」と呼びます。具体的には、診断対象アプリケーションにブラウザでアクセスして、さまざまな画面を表示するリクエストのURLと送信パラメーターを記録します。

一応、Webブラウザだけでもクローリングは可能です。しかし、郵便番号検索などで使用される非同期通信のように、Webブラウザのアドレス欄をチェックするだけでは認識できないリクエストがあります。最近のWebブラウザに備わっている「開発者ツール」を使用すれば、アドレス欄で認識できないリクエストも確認できますが、検出したURLやパラメーターを開発者ツールを使用して整理するのは大変です。OWASP ZAPやBurp Suiteなどの脆弱性診断ツールを使用すれば、手軽にURLやパラメーターを確認して整理できます。

2.1.1　クローリングの考え方

脆弱性診断のためにクローリングを実施する場合、一番重要なのは「抜け漏れなく列挙する」ことです。しかし、「抜け漏れなく列挙」というのは案外難しく、脆弱性診断用クローリングに慣れていないと、誤った考え方で作業を進めて抜け漏れが発生しがちです。また、脆弱性診断サービスの発注者側と受注者側とで「抜け漏れなく列挙」の考え方が異なる場合があるため、ときどき、サービス料金の見積もりで一悶着あります。

2.1.2 脆弱性診断の見積もりについて

筆者は現在、脆弱性診断会社で働いていますが、いくつか別の脆弱性診断会社で働いたことがあります。筆者が働いたすべての職場で経験していることのひとつに、脆弱性診断料金に対するお客様の「違和感」があります。以前、「なぜセキュリティベンダーは想定よりも高い見積額を提示してくるのか？」というテーマで脆弱性診断ハンズオンセミナーを開催したときも、多くの反響がありました。

料金についての違和感がお客様に発生する理由は簡単です。お客様と脆弱性診断会社とで、診断対象の数え方が異なるからです。

2.1.3 見積もりの考え方の違い

具体的な例として、お客様が「お問い合わせフォーム」の脆弱性診断をとある診断会社に依頼したとします。

お客様の思考

「フォームがひとつなんだから1画面だよね？　診断会社の営業さんが診断単価は1リクエストあたり3万円って言ってたから、診断料金の総額は…

1×3万円＝3万円

でしょ？」

脆弱性診断会社の思考

「依頼されたお問い合わせフォームを調査してみよう。指定のURLにアクセスするとフォーム画面が表示されるな。この画面では反射型クロスサイト・スクリプティング（XSS）の可能性があるから診断が必要だ。これがひとつめの診断対象。

で、このフォーム内の郵便番号テキストボックスに7桁の数字を入れたら非同期通信で郵便番号検索APIを叩いてるな。このAPIは内部でデータベースやファイルなどにアクセスしてそうだから、SQLインジェクションやOSコマンドインジェクションなどの脆弱性の有無を確認する必要があるな。これでふたつ。

フォームに必要事項を入力して【確認】ボタンを押したら確認画面が表示されたぞ。この確認画面でも反射型XSSや他の脆弱性を検出するかもしれないから3つめの診断対象としよう。

最後に【送信】ボタンを押したら、お問い合わせを受け付けたことを示すメッセージが表示される完了画面に遷移したな。さらに、フォームに入力したメールアドレス宛に「お問い合わせありがとう」メールが届いたぞ。メールが届くということはメールに関連する脆弱性も探らないといけないな。ということで、完了画面を4つめの診断対象としよう。

これですべてだ。サービス料金を計算すると、

4×3万円＝12万円

だな。見積書を作成してお客様に送付しよう。」

いかがでしょうか。双方の見積額は実に4倍の開きがあります。

たったひとつの「お問い合わせフォーム」に対する脆弱性診断を見積もっただけでこの差額。もし、数十ページもあるようなWebアプリケーションを双方が見積もったら、どれだけの金額の差が生まれるのでしょうか。このような「違和感」を避けるには、発注者と受注者双方がクローリングに対する正しい知識を身につけ、ブラウザだけではなく診断用ツールも使用してクローリングを適切に実施して、診断対象数を確定させる必要があります。

発注者側に脆弱性診断やクローリングに精通したエンジニアがいない場合、案件を担当する従業員が前述したクローリングの考え方を身に付ける必要があります。しかし、発注者側の担当者は自身の本業に追われて学習の時間を取りにくいのが実情でしょう。

脆弱性診断サービスを発注する側の対応としてオススメなのは、脆弱性診断案件の担当者がクローリングの基本を把握しつつ、クローリング自体は脆弱性診断を実施する会社に依頼することです。

餅は餅屋です。専門的な知識が要求されるクローリングはプロのセキュリティエンジニアに任せましょう。プロに任せて提示された診断対象一覧を、正しいクローリングの考え方に基づいてお客様側で精査することが最善の方法だと筆者は考えます。

ここからは、どちらの立場でも納得いくような、診断対象を数える際の考え方をお伝えします。

2.1.4　診断すべき画面（機能）

脆弱性診断において診断対象となるのは、「パラメーターを伴うリクエスト」です。

診断すべき画面（機能）の例

・ブラウザから送信されたパラメーターを使用して動的に生成された画面
・認証/認可用パラメーターを送受信する機能
・特定の権限保有者のみが閲覧可能な画面

ここでいう「パラメーター」とは、「プログラムの動作を決定する数値や文字」のことです。

パラメーターの例を列挙します。

・検索文字列
・商品購入時の商品ID
・ログイン時に送信するIDとパスワード
・ログイン状態を管理するセッションID
・クロスサイトリクエストフォージェリ（CSRF）対策用トークン

2.1.5 パラメーター送信方法

「パラメーターを伴うリクエスト」が診断対象となることがわかったら、パラメーターを送信する方法を把握する必要があります。

さまざまな送信方法がありますが、主な送信方法を次に示します。

・クエリー文字列（Query String）
・HTTPリクエストヘッダー
・HTTPリクエストボディ（POST）
・URLの一部がパラメーター
・非同期通信

2.1.6 クエリー文字列（Query String）

URLの「?」以降にある文字列のことを「クエリー文字列（Query String）」と呼びます。

https://example.com/index.php?user=test&pswd=test

このURLの場合、診断対象パラメーターはURLの末尾にある次のふたつです。

・user
・pswd

次に、同じような構成のクエリ文字列であっても、診断対象として同一視するか別々の診断対象とするかが異なる例を示します。

例1

a. https://example.com/index.php?page=info.php&user=test

b. https://example.com/index.php?next=info.php&user=test

パラメーター名の「page」と「next」が異なるため、aとbそれぞれを独立した診断対象として数えます。

例2

c. https://example.com/index.php?page=info.php&user=test

d. https://example.com/index.php?user=test&page=info.php

cとdは一見異なるパラメーター群に見えますが、並び順が異なるだけで含まれているパラメーター名は同一であるため、ひとつの診断対象として数えます。

2.1.7 HTTPリクエストヘッダー

ブラウザが自動的に送信したりWebアプリケーションが独自に送信したりするリクエストヘッダーも診断対象となります。

ただし、ブラウザが自動的に送信するリクエストヘッダーについては、ヘッダーの名前や値を改変して送信してもWebアプリケーションの挙動にまったく影響を与えないものがあります。

どのようなリクエストヘッダーが影響を与えるかについては、日々の勉強と経験で学ぶ必要があります。ここでは、診断対象となる可能性が高いリクエストヘッダーについていくつか説明します。

Cookieヘッダー

ユーザーが診断対象サイトにログインしてさまざまな操作をする場合、セッション管理用の文字列（セッションID）や認証・認可で使用する「トークン」を送信しているCookieは診断対象になります。

なお、「お問い合わせ」機能のように、診断対象サイトにログインしていなくても、セッション情報を使用して送信内容をサーバーに保持していることがあります。この場合も、セッションIDをやりとりしているCookieについて診断する必要があります。

Refererヘッダー

セキュアなWebアプリケーションフレームワークの普及により最近は見かけなくなりましたが、クロスサイトリクエストフォージェリー（CSRF）攻撃への対策として、サーバーに送信されたRefererヘッダーの値をチェックするという手法があります。

通常、CSRF対策には専用のトークンを使用することが多いのですが、CSRF対策用トークンが送信されていないからといってCSRF脆弱性が存在する！と決めつけるのはマズいです。いにしえの「Refererチェック」手法により、CSRF対策を実施しているかもしれないからです。

Originヘッダー

Originヘッダーは、クライアントがリクエストを送信したWebページやWebアプリケーションのオリジン（起源）を示すために使用されます。オリジンは次の3つの要素で構成されます。

- ・スキーム（httpまたはhttps）
- ・ホスト名
- ・ポート番号

たとえば、https://www.example.com:443は、スキームがhttpsでwww.example.comというホスト名を持ち、ポート番号が443のオリジンであることを示します。

Originヘッダーは、クロスオリジンリクエストの制限に使用されます。クロスオリジンリクエストは、異なるオリジンのWebページやWebアプリケーション間で行われるHTTPリクエストのことを指します。

たとえば、http://example.com のWebページからhttp://example.net のWebアプリケーションにHTTPリクエストを送信しようとする場合、Webブラウザは、Originヘッダーを使用してリクエスト元がhttp://example.com であることを示します。Webアプリケーションは、Originヘッダーを確認してリクエスト元が許可されたオリジンであるかどうかを判断し、許可されている場合にのみリクエストを処理します。

脆弱性診断では、このOriginヘッダーの値を改変して、Webアプリケーションが想定しているオリジン以外からのリクエストを正常に処理してしまわないかを調査します。

2.1.8　HTTPリクエストボディ

POSTやPUT、DELETEメソッドなどは、情報の新規登録や更新、削除などの処理を実施するために使用されます。

```
POST /index.php HTTP/1.1
Host: example.com
...

username=test&password=test&login-php-submit-button=Login
```

これらのメソッドによる通信は、ほとんどの場合診断対象となります。

2.1.9 URLの一部がパラメーター

現在、広く使用されているWebアプリケーションフレームワーク（以降、フレームワークと称します）では、URLの一部がパラメーターになっていることがあります。

```
GET /user/123456/detail
Host: example.com
```

上記の例ですと、URLの途中にある「123456」はパラメーターである可能性が高いです。単純に「123456」という名のディレクトリが存在しているだけかもしれませんが、システムの構成や実装方法がわからない場合、この数字の羅列をディレクトリ名ではなくパラメーターとして扱う方が、診断の精度が上がるでしょう。

URLの一部がパラメーターの場合の診断対象の数え方

URLの一部がパラメーターになっている場合、どのように診断対象を数え上げるべきかを解説します。次に挙げるのはあくまで例なので、常にこの考え方で正確に診断対象を数え上げられるわけではないことに留意してください。

例1

a. https://example.com/user/123456/detail/
b. https://example.com/user/987654/detail/

aとbは「123456」と「987654」がそれぞれ、ユーザーIDを表すパラメーターであると推測できます。この場合、URLとしては異なりますが、サイト内部では同一の処理と推測されるため、ひとつの診断対象と見なします。
なお、リクエストの結果、大幅にメニュー構成やレイアウトなどが異なる画面が表示された場合は、別の診断対象とすることがあります。

例2

c. https://example.com/user/123456/detail/
d. https://example.com/user/123456/edit/

cとdは、[～user/123456/]までは同一のURLですが、その後に続くURLが異なるため、それぞれ別の診断対象とします。このふたつのURLを見て、「cはdetailとあるから詳細な情報を閲覧するリクエストなのかな。dはeditだから編集機能かもしれない」というふうに機能を推測するのは、脆弱性診断を実施する上で大切な考え方です。

ただし、あくまでも「推測」にとどめ、キチンと確認するまでは決して思い込まないように気をつけましょう。エンジニアは自信家が多いため、自分の考えは正しい！と思い込みがちなので注意が必要です。

2.1.10　非同期通信

ここでいう非同期通信とは、Webページの再読み込みを行わずに、サーバーと通信してデータをやりとりすることを指します。

伝統的なWebアプリケーションでは、Webページを表示するためにサーバーとの通信が行われます。この際、Webページ内で何らかのイベントが発生した場合、Webページ全体を再読み込みする必要があります。これに対して、非同期通信を利用すると、Webページ全体を再読み込みすることなく必要な情報のみを取得・更新できます。

非同期通信を利用することで、Webアプリケーションはより直感的で快適なユーザー体験を提供できます。たとえば、投稿されたコメントの追加やフォームの送信結果などを、Webページ全体を再読み込みすることなくリアルタイムに更新できます。

次に、非同期通信の例を示します。

・住所入力フォームで郵便番号入力欄に郵便番号を7桁入力すると、自動的に都道府県名や市町村名がフォームに設定される
・あるプルダウンリストの値を選択した場合に、別のプルダウンリストの項目を自動的に変更する

2.2　診断対象選定

診断対象Webアプリケーションのすべての画面や機能を確認した後は、診断を実施する画面や機能（リクエスト）を選定します。記録したExcelやGoogleスプレッドシート上で選定してもいいのですが、診断ツール上で選定できると診断作業が捗ります。

原則として、クローリングで検出した「診断すべきリクエスト」はすべて診断対象となります。しかし、診断すべきリクエストが大量にある場合、すべてを診断することが現実的でない場合が多々あります。すべてを診断できない主な理由は、次のふたつです。

・時間がない
・予算がない

以上の状況の場合、診断対象を絞り込む必要があります。診断対象を絞り込む基準は「処理の重要度」です。一般論として、処理の重要度は次の順になることが多いです。箇条書きの先頭ほど重要度が高いです。

1. ユーザー認証系処理
2. 個人情報や機密情報などの重要情報を取り扱う処理
3. ログイン後に参照可能な情報を表示する処理
4. 上記以外の処理

2.3 診断作業準備

診断対象の選定が完了したら、診断実施、と言いたいところですが、診断作業を実施する前にいくつか準備が必要です。

プロキシ設定

脆弱性診断ツールのはローカルプロキシとして動作するので、プロキシのIPアドレスおよび待ち受けポートを設定します。

外部プロキシ設定

診断を実施するエンジニアが所属している会社のネットワーク構成によっては、社内のプロキシを経由しないと外部ネットワークにアクセスできない場合があります。この場合、診断ツールで外部プロキシの設定が必要です。

2.3.1 診断対象範囲の定義（スコープ）

診断対象の範囲を定義して診断ツールで設定します。診断範囲のことを「スコープ」と呼ぶことが多いです。

脆弱性診断ツールのスコープ機能には、スコープ外のリクエストに対する診断作業を防止するという役割があります。脆弱性診断は、自身が管理しているシステムまたは脆弱性診断の実施を許可されたシステムに対してのみ実施する必要があります。誤って管理外あるいは許可されていないシステムに対して診断作業を実施してしまわないように、適切にスコープを定義しなければなりません。

2.3.2 WAFの確認

WAF（Web Application Firewall）は、Webアプリケーションを保護するためのセキュリティデバイスです。WAFを使用するとWebアプリケーションに対する攻撃を検出してブロックできることがあります。

WAFが設定されているWebアプリケーションに対して脆弱性診断を行う場合、WAFの設定状況を十分に確認して適切な方法で診断を実施することが重要です。また、WAFの設定を変更する場合には、設定変更によってWebアプリケーションに影響を与える可能性があるため、慎重に行うことが必要です。

脆弱性診断を実施する際によく問題になるのが、通常運用で設置されているWAFを脆弱性診断時に無効化した方がいいのかどうか、という点です。

この件に関してはふたつの考え方があります。

ひとつは、あるがままの状態で脆弱性診断を実施することで通常運用時のセキュリティリスクを確認できる、というものです。

もうひとつは、WAFを突破されたり、WAFの設定ミスにより攻撃を止められない状態で運用したりという場合のセキュリティリスクを確認すべき、という考え方です。

どちらの考え方が正しいとは言えないと筆者は考えます。どちらも合理的で納得できる考え方だからです。どちらにすべきか迷ったら、脆弱性診断会社に問い合わせましょう。

個人的には、診断会社からのアクセスに対してはWAFを適用しない、という状態で脆弱性診断を受けるべきと考えます。WAFは万能ではないのと、人間が運用している以上、運用ミスによりWAFの真価を発揮できないという状況が発生しうるからです。

2.3.3 診断用アカウント

脆弱性診断の担当者がひとりだとしても、診断用のアカウントは3つ以上用意することが望ましいです。単純に複数の診断担当者が使い分ける目的で複数のアカウントを要求することがありますが、次に列挙した役割のために複数必要という場合があります。

- 手動診断用
- 自動診断用
- トラブル発生用の予備

「トラブル発生用の予備」とありますが、診断作業中にアカウントが使用できなくなる理由で一番多いのは、アカウントをロックアウトさせてしまうことです。Webアプリケーションのログイン処理を診断する際は、何度も正しくないパスワードを送信することが多いためです。

30分や1時間くらい待つと使用できるようになるのでしたらいいですが、管理者の操作が必要な場合は、診断作業に遅延が発生する原因となります。

診断中のアカウントロックアウトを避けるために、ログイン系の診断を診断期間の終盤に実施するという攻略法があります。

アカウントに複数の権限が存在する場合は、権限ごとに3つ必要です。
一般ユーザーは3つ用意したけど、管理者権限を持つユーザーはひとつだけ、というのは脆弱性診断あるあるです。しかし、管理者が複数存在する可能性がある場合は、管理者ユーザーも3つ以上ないと脆弱性診断の精度が落ちてしまいます。

2.3.4 診断用データ

脆弱性診断を発注する側が忘れがちなこととして、診断で使用可能なデータの登録があります。
診断者が自由にデータを登録したり更新したりできるのであればいいのですが、システム管理者のみが用意可能なデータに対して脆弱性診断を実施する場合は、診断作業開始時までにデータを用意しなければなりません。
診断作業が始まってからデータを用意すると、診断作業の想定が崩れてスケジュールに影響が出る危険性があります。

ユーザー登録
ユーザー登録処理が診断対象となる場合に問題になりやすいのが、メールアドレスの登録です。
検証用環境に対する脆弱性診断でとくにありがちなのですが、診断者が自由にユーザー登録できる場合でも、ユーザーに紐付けて登録するメールアドレスに対してメールが送信されないということがあります。
システムの都合により、システムから外部に対してのメール送信が制限されているのが主な理由です。別の理由として、単にメール送信機能が未実装ということもあります。

外部にはメールを送信できないが、システム内部ではメールへの送信内容を確認できるという場合は、メールの内容を発注者から診断者に都度連絡することで診断作業が可能となります。
しかし、この作業は双方にとって非常に面倒です。できれば診断者が登録した任意のメールアドレスに正常にメールが送信されることが望ましいです。

2.4 診断作業実施

診断対象を選定したら、いよいよ診断作業の開始です。

脆弱性診断の初心者にありがちなのが、「いきなり“ペイロード”を送信してしまう」ことです。「第1章「脆弱性診断」」でも述べましたが、脆弱性診断は「ちょい足し異常系テスト」です。異常系をテストするならば、正常系の挙動を正しく理解しておく必要があります。

つまり、脆弱性診断で最初に行うべきことは、診断対象のリクエストに正常なデータを設定してサーバーに送信した場合のレスポンスヘッダーやレスポンスボディを確認することです。次にペイロードを送信して、正常系のレスポンスと異なるかどうかを調査します。

脆弱性診断と聞くと、何やら難しい操作や複雑なペイロードの送信などが必要だから、訓練された操作と豊富な知識がないとできない、という印象を持つ方がいます。確かに一定レベルの診断スキルを身につける必要はあります。

しかし、脆弱性診断の本質は「ちょい足し異常系テスト」なので、診断対象サイトの正常な振る舞いと異常な振る舞いを比較調査ができるのであれば、脆弱性診断作業の一歩を踏み出せているといえます。

さまざまなペイロードを送信しているうちに脆弱性なのか単なる不具合なのかわからなくなってきた場合は、診断対象サイトが本来想定している「正常な動作」は何なのかを改めて確認することをオススメします。

ペイロード

「ペイロード」とは、攻撃者が脆弱性を利用するために使用する、特定のコマンドやスクリプトなどのデータのことを指します。

たとえば、Webサイトの脆弱性を突くために、攻撃者が入力する「悪意のあるスクリプト」があるとします。この「悪意のあるスクリプト」が、攻撃者がWebサイト上で行いたい操作を実行するためのコマンドやデータであり、脆弱性を利用して攻撃するために必要なものです。この「悪意のあるスクリプト」がペイロードに当たります。

脆弱性診断においては、このようなペイロードを使って、システムやアプリケーションが攻撃に対して脆弱であるかどうかを診断します。

2.5 診断結果考察

業務として脆弱性診断を実施した際に検出した脆弱性を、レビューしないまま報告書にまとめることはありません。

脆弱性診断会社では、脆弱性を検出した場合、次のような観点でレビューを実施します。

・検出した事象は脆弱性か単なる不具合（バグ）か
・脆弱性である場合、危険度はどれくらいか
・脆弱性を悪用された場合、影響範囲はどれくらいか
・脆弱性の対策はどうするか

一般的な診断結果の考察方法は次のようになります。

最初に、検出した不具合を「脆弱性」として報告すべきかを判断します。
「脆弱性」とは、システムのセキュリティに影響を与える可能性があるバグのことです。表示される情報に変わりはないが画面のレイアウトが崩れる、とか、更新ボタンを押下しても情報が更新されないだけ、というバグは脆弱性とはいえません。
画面が崩れるだけではなく、送信したデータに含まれているHTMLタグがブラウザにより解釈されて利用者をだますためのメッセージが表示されたり、悪意のあるスクリプトが埋め込まれているせいで利用者の個人情報が盗まれたりする場合は、「クロスサイトスクリプティング」という脆弱性として報告します。

次に、脆弱性として報告すべきと決めた場合、脆弱性の危険度（リスクレベル）を判断します。

先ほど例に挙げたクロスサイトスクリプティングの場合、危険度（リスクレベル）は「中：Medium」に設定されることが多いです。受動的攻撃なので「緊急」や「高」にはならないが、「低」や「情報」にするほど影響が小さくない、という判断です。
ただし、利用者自らが悪意のあるHTMLタグやスクリプトを送信する以外に攻撃の手段がない場合、言い換えると、外部からクロスサイトスクリプティング攻撃を仕掛けることが原理的にできない場合は、危険度を「中」ではなく「低」や「情報」に下げることがあります。

このように、攻撃手法の難易度や診断対象システムの運用状況など、さまざまな要因により脆弱性の危険度を判断する必要があります。

2.5.1　自動診断結果の精査

自動診断ツールにより脆弱性を検出した場合、検出した脆弱性の妥当性をセキュリティエンジニアがレビューすべきです。

自動診断ツールの問題点として、脆弱性が本当は存在しないのに存在していると誤認してしまうというのがあります。これを一般に「過検知（false positive）」と呼びます。

2.5.2　手動診断結果の精査

セキュリティエンジニアが手動で診断して脆弱性を検出した場合も、他のセキュリティエンジニアによるレビューが必要です。
脆弱性診断作業は、診断作業者の考え方や経験により、検出精度にばらつきが発生しがちです。過検知や誤検知が発生しがちな自動診断ツールでも正確に検出可能な脆弱性であれば、ある程度の経験を積んだセキュリティエンジニアなら見逃したり勘違いしたりすることはありません。しかし、ツールによる検出が原理的に困難な脆弱性については、手動診断で正確に検出できるかどうかは、セキュリティエンジニアの経験やスキルなどに大きく依存します。

2.6 診断結果報告

報告すべき脆弱性が確定したら文書にまとめます。脆弱性検出時に取得した画面キャプチャやログを整理して文書に反映します。

脆弱性診断報告書に最低限必要な項目は、次のとおりです。

・エグゼクティブサマリー
・診断対象一覧
・脆弱性一覧
・脆弱性ごとの解説

2.6.1 エグゼクティブサマリー

エグゼクティブサマリーは、文書やレポートの中でもっとも重要な情報を簡潔にまとめたものです。文書全体を読むことなく、主要な情報をすぐに理解することができるように用意します。

脆弱性診断の報告書にエグゼクティブサマリーを記述する目的は、脆弱性診断の結果を管理者や上司に迅速かつ明確に伝えることです。検出した脆弱性のリスクレベルや修正方法などを簡潔にまとめることにより、経営陣やシステム管理者はすばやい意思決定が可能となります。

2.6.2 診断対象一覧

診断対象URLやタイトルなどを表形式にまとめます。ExcelやGoogleスプレッドシートなどの別ファイルにまとめて提出する場合もありますが、報告書内に診断対象一覧があるほうが利便性が高いです。

2.6.3 脆弱性一覧

検出した脆弱性の一覧を掲載します。一覧には、脆弱性の名称の他に、リスクレベルや脆弱性を検出したリクエスト数などを併記するとわかりやすいです。

2.6.4 脆弱性解説

脆弱性診断報告書の主目的です。検出した脆弱性を解説します。脆弱性解説には次の項目を記述します。

・概要
・再現手順
・影響
・対策
・該当箇所

概要

必ずしも必要ありませんが、脆弱性の概要を簡潔に説明すると脆弱性の影響や対策などを理解しやすくなります。

再現手順

再現手順を記述する際にやりがちなのは、報告書を受け取った側が説明を読むだけでは再現できない手順を書いてしまうことです。

やりがちな例

・脆弱性に関する専門用語を説明なしに記述する
・セキュリティを生業としているエンジニアしか知らないような診断ツールの使用を前提とする
・なぜこのレスポンスを見ただけで脆弱性があると判断できるかを説明しない

自分と同等の脆弱性の知識を診断報告書を読む人に求めてはいけません。単に難解な文章ができあがってしまいます。どうしても専門的な知識やツールの使用が必要な場合は、簡潔に説明しましょう。

影響

検出した脆弱性の影響を記述します。

たとえば、クロスサイトスクリプティングの場合、

「攻撃者は、クロスサイトスクリプティング（XSS）脆弱性を悪用して、他のユーザーのセッションIDを盗み取ったり、他のユーザーにフィッシング攻撃を仕掛けたりできます」

というのが一般的な影響です。

一般的な影響に加えて、診断対象サイト固有の状況に応じた影響を記述します。

例として、管理者権限を持つユーザーがログインして表示した管理用画面で、管理者自らがスクリプトを入力した場合にのみ脆弱性が成立するとします。

この場合、診断対象サイト固有の影響として、

「ただし、今回検出したXSS脆弱性は、管理者自らがスクリプトを意図的にフォームに入力した場合にのみ発生します。外部から管理用画面に対してXSS攻撃を仕掛けることが原理的に困難であるため、第三者による攻撃を受けるリスクは低いと考えられます」

と記述します。

脆弱性診断会社が作成した報告書であっても、一般的な影響のみを記述して診断対象システム固有の影響に触れないことがあります。もし、複数の診断会社の報告書を比較して契約先を決めようと思った場合は、脆弱性の影響欄に注目すると診断会社の「診断力」を推し量れるかもしれません。

対策

影響と同様に、対策についても一般論と診断対象サイト固有の対策を記述します。

可能な限り具体的に対策方法を記述する必要があります。抽象的な対策しか書かれていないと、修正が困難だからです。

ここでは、クロスサイトスクリプティングについて、抽象的な対策と具体的な対策を例として示します。

抽象的な対策

HTMLタグやパラメーターなどを構成する際に使用される記号を適切にエスケープします。

具体的な対策

ブラウザへ出力する直前に、HTMLタグやパラメーターなどを構成する際に使用される次の記号を文字参照に変換します。

記号	文字参照	説明
'	'	シングルクォーテーション
"	"	ダブルクォーテーション
&	&	アンパサンド
<	<	小なり記号（less than）
>	>	大なり記号（greater than）

該当箇所

該当箇所には脆弱性を検出したリクエスト（URL）に加えて、脆弱性の原因となるパラメーターも列挙します。

たとえば、「https://example.com/input.php」へのリクエストで送信するフォームの「name」で、反射型のクロスサイトスクリプティング（XSS）脆弱性を検出したとすると、次のような形式で記述するとわかりやすいです。

該当箇所の例

No.	URL	パラメーター
1	https://example.com/input.php	name

このように、ペイロードを埋め込むリクエストと脆弱性のある処理のレスポンスが直結している場合は、リクエストURLとフォームのパラメーターを列挙するだけで良いです。報告書を読んで脆弱性を修正する場合、このリクエストで送信したパラメーター「name」を処理後に出力する箇所で対策することがわかるからです。

しかし、同じXSS脆弱性でも、反射型ではなく蓄積型XSS（Stored XSS）の場合は該当箇所を示すのに一工夫必要です。

蓄積型XSSは、攻撃者がWebアプリケーションに悪意のあるスクリプトを挿入し、それが他のユーザーによって読み込まれることで発動する攻撃手法です。

攻撃の具体例を示します。

1. 攻撃者がWebアプリケーションに悪意のあるスクリプトを挿入します。これは、入力フォームやコメント欄など、アプリケーションがユーザーからの入力を受け付ける場所を攻撃することで行われます。
2. Webアプリケーションは、攻撃者が入力したスクリプトをデータベースに保存します。
3. 被害者となる他のユーザーがWebアプリケーションにアクセスし、保存されたスクリプトを読み込むために、Webアプリケーションがデータベースからスクリプトを取得します。
4. Webアプリケーションは取得したスクリプトをブラウザに送信します。
5. 攻撃者が挿入したスクリプトが実行され、攻撃者が目的とする悪意のある行動（個人情報の窃取や一時的な画面の改竄など）を実行します。

蓄積型XSSの場合、ペイロードを送信したリクエストとパラメーターのみを列挙されても、修正しようとするエンジニアは困ってしまいます。ペイロードを送信したリクエストに対するレスポンスの処理を修正するわけではないからです。攻撃者によって埋め込まれたスクリプトが、ブラウザにそのまま返される処理が修正対象です。

このため、蓄積型XSSを検出した場合は、ペイロードを送信したURLとパラメーターに加えて、ペイロードに含まれるスクリプトがそのまま表示されてしまう画面へのリクエストと、画面上でスクリプトが反映されている場所を示す必要があります。

蓄積型XSSの該当箇所の例

No.	URL	パラメーター
1	https://example.com/input.php	name
	修正対象URL	出力先
1	https://example.com/output.php	<input type="text" name="form_name" value="">

紙面の都合でペイロード送信元とペイロード出力先を単純に並べていますが、修正箇所を読み取りにくいため、表のレイアウトは変更することをオススメします。

第3章　診断対象確認

ここからは、第2章「脆弱性診断フロー」で述べた脆弱性診断フローのそれぞれの作業を実施する際に、OWASP ZAPおよびBurp Suiteをどのように使用するのかを、両ツールの機能を比較しながら説明します。

本章では、「診断対象確認」作業を実施するのに便利な機能がどれだけ備わっているかについて、OWASP ZAPとBurp Suiteを比較します。

3.1　自動クローリング

OWASP ZAPおよびBurp Professionalには、自動的に診断対象を列挙するツールが実装されています。OWASP ZAPの自動クローリングツールは「Spider」という名前で、Burp Professionalのツールは「Scan(Crawl)」です。

ふたつのツールを使用してクローリングを実施してみます。クローリング対象サイトは、ローカルPCにDockerで立ち上げた次のWebアプリケーションです。

OWASP Mutillidae II

https://github.com/webpwnized/mutillidae-docker

OWASPが管理している、いわゆる「やられWebアプリケーション」です。「OWASP Top 10」に含まれている脆弱性の検出方法を学ぶことができます。

「OWASP Mutillidae II」の起動方法については、上記GitHubリポジトリのREADME.mdを参照してください。

3.1.1　OWASP ZAP

1. OWASP Mutillidae II（以降、Mutillidae IIとします）を起動したら、OWASP ZAPと連携済みのブラウザでアクセスします。

OWASP ZAPの「クイックスタート」タブからバンドルされているブラウザを起動するのが簡単です。

図3.1: ブラウザの起動

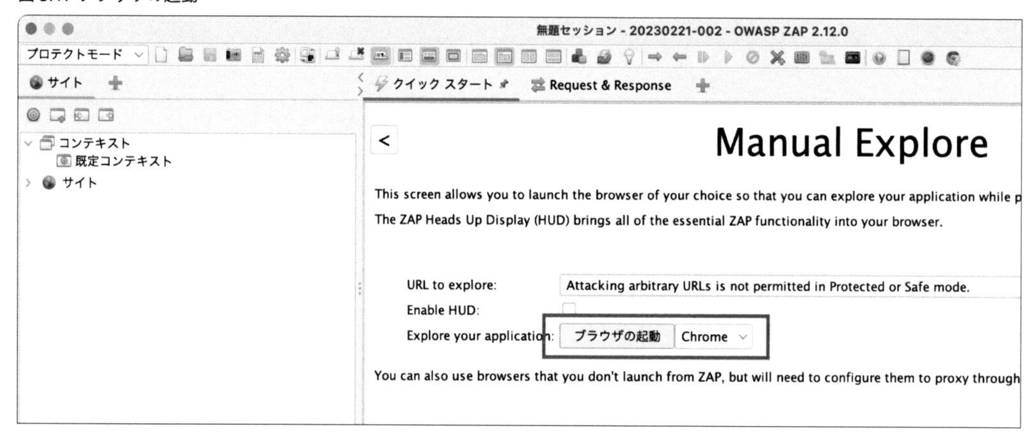

2. OWASP ZAP左上のプルダウンリストで「プロテクトモード」を選択します。
3. 左上の「サイト」ツリーでMutillidae IIのURLを右クリックして「コンテキストに含める」>「既定コンテキスト」を選択します。

図3.2: 既定コンテキストを選択

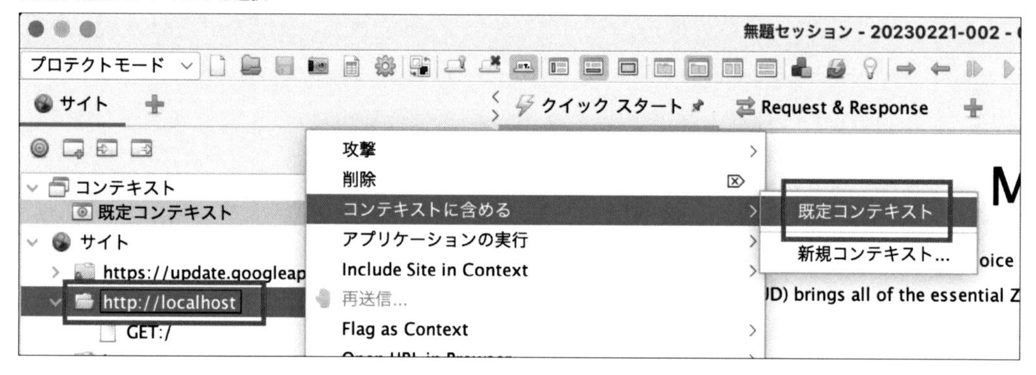

4. 「セッション・プロパティ」ダイアログが表示されるので、コンテキストに診断対象URLが登録されたことを確認したら「OK」ボタンを押下します。
5. 「サイト」ツリーで診断対象を右クリックして「攻撃」>「スパイダー...」を選択します。

図3.3: スパイダー... を選択

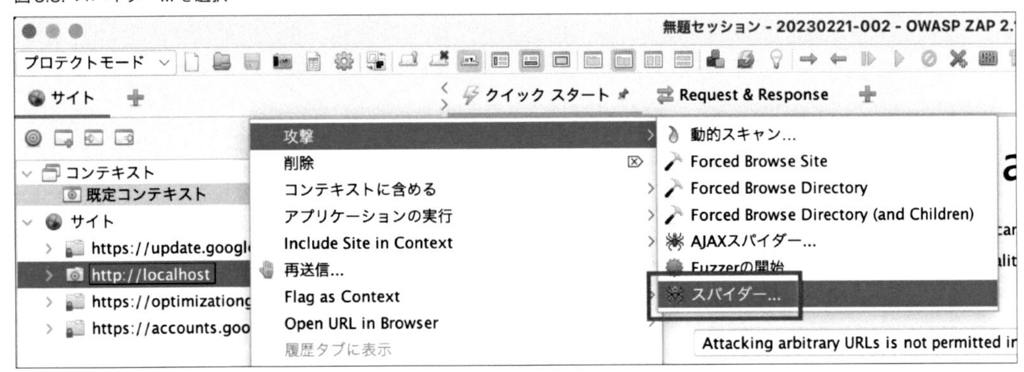

6.「スパイダー検索」ダイアログで「Spider Subtree Only」チェックボックスにチェックを入れて「スキャンを開始」ボタンを押下すると自動クローリングツール「Spider」が起動します。

図3.4: スパイダー検索

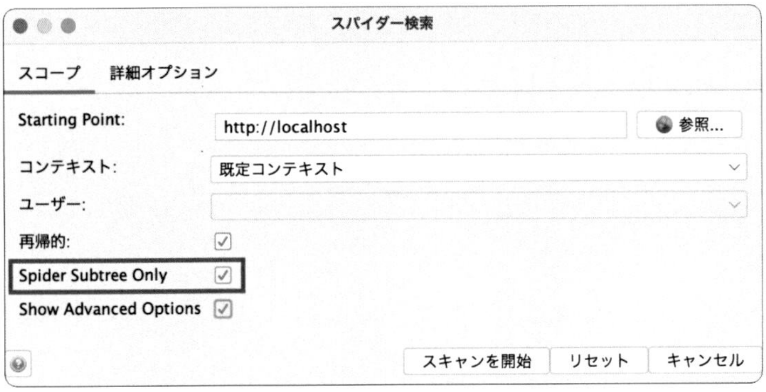

次図が「Spider」を実行した結果です。

図3.5: スパイダー実行結果

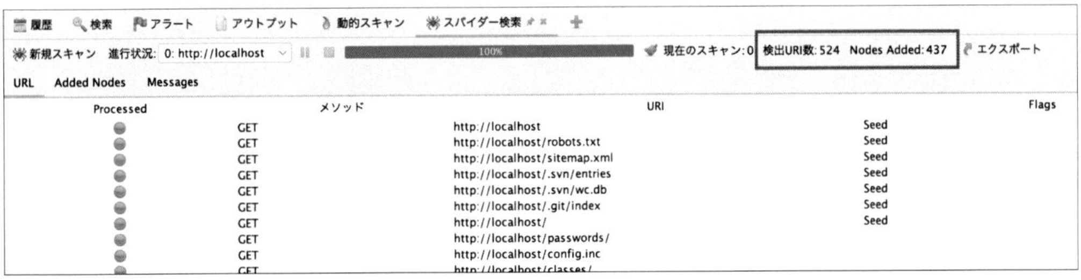

今回の場合、全部で524のURLを検出し、そのうち437がコンテキストのスコープに合致していることを示しています。

3.1.2 Burp Suite

Burp Communityには自動クローリングツールが存在しないので、ここではBurp Professionalを使用してクローリングを実施してみます。

1. OWASP Mutillidae II（以降、Mutillidae IIとします）を起動したら、Burp Professionalと連携済みのブラウザでアクセスします。

Burp Professionalの「Proxy」タブ>「Intercept」タブにある「Open browser」ボタンを押下すると、バンドルされているブラウザが起動します。

図3.6: ブラウザの起動

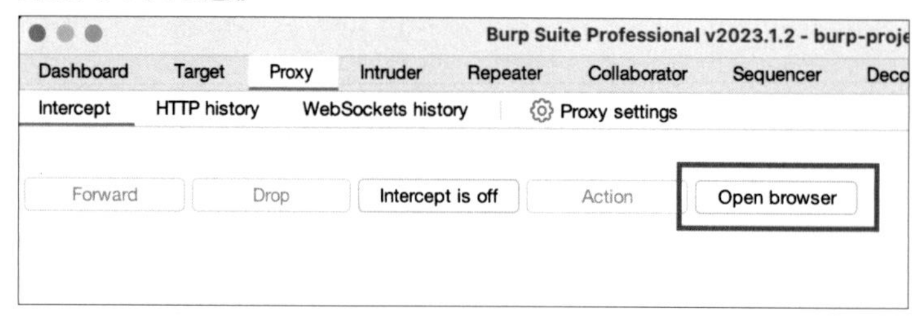

2. 「HTTP history」でMutillidae IIのURLを右クリックして「Scan」を選択します。

図3.7: Scanを選択

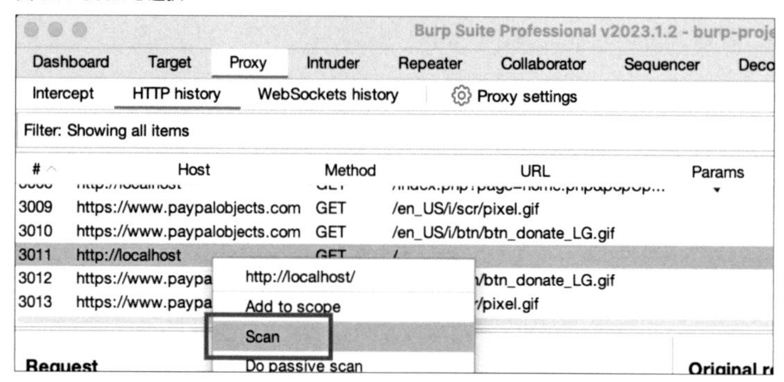

3. 「New Scan」ダイアログの「Scan Details」が表示されるので、「Scan type」で「Crawl」を選択し、「URLs to scan」にクローリング対象のURLが設定されていることを確認します。

図3.8: New Scan

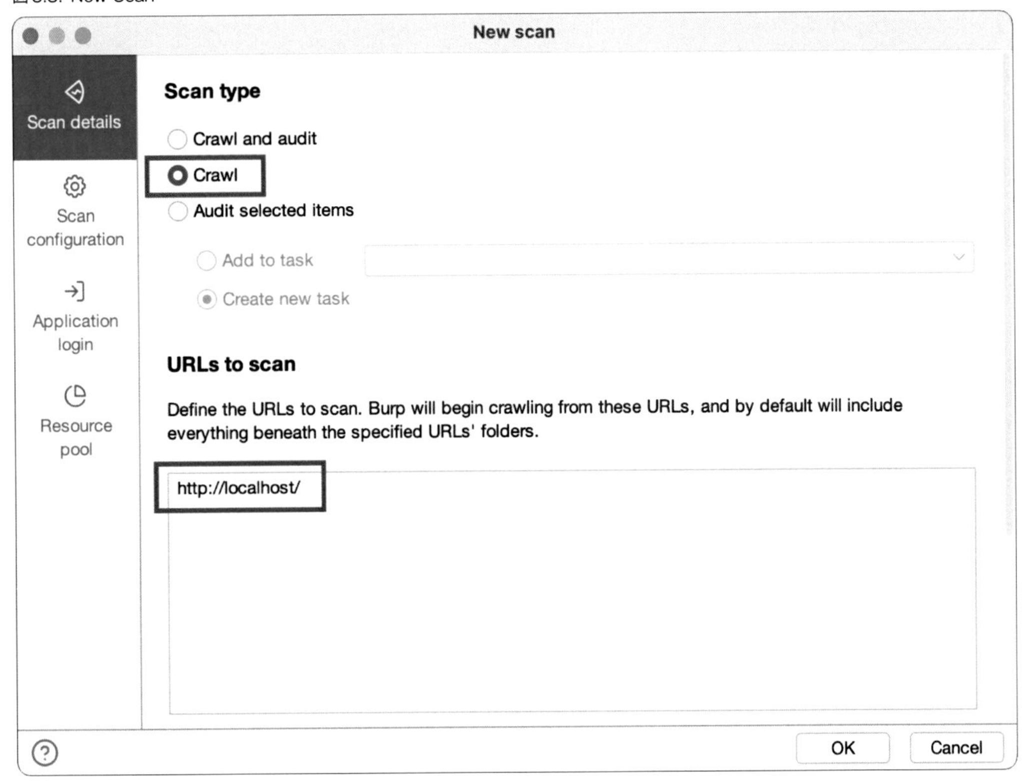

4. ダイアログの左側で「Scan configration」を選択し、「Select from library」ボタンを押下します。
5. 表示されたダイアログで「Crawl limit - 10 minutes」を選択します。これは10分間限定でクローリングツールを実行するという設定です。10分経ったら、すべてのURLをクローリングできなくても、強制的にツールが終了します。

今回のサイトは10分かからずにすべてのURLをクローリングできるので、これを選択しています。

図3.9: Crawl limit - 10 minutes を選択

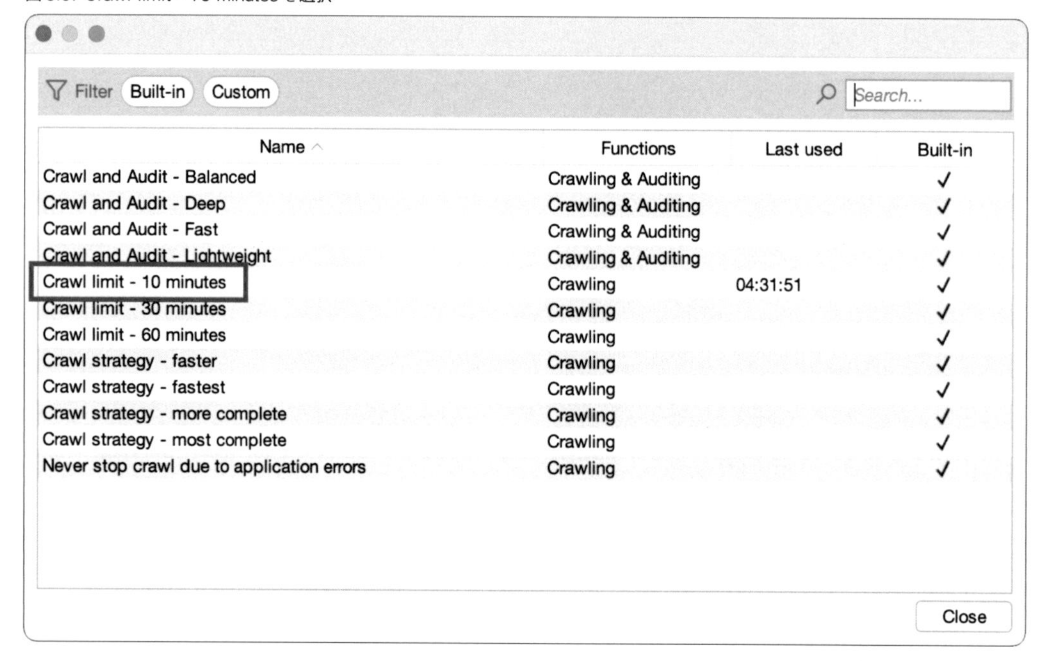

6. 「New Scan」ダイアログに戻ったら、右下の「OK」ボタンを押下します。
7. Burp Professionalの「Dashboard」タブを開いてクローリング状況を確認します。

下図の場合、今までに83回リクエストを送信して、41のURLを検出したことを示しています。

図3.10: Dashboardで状況確認

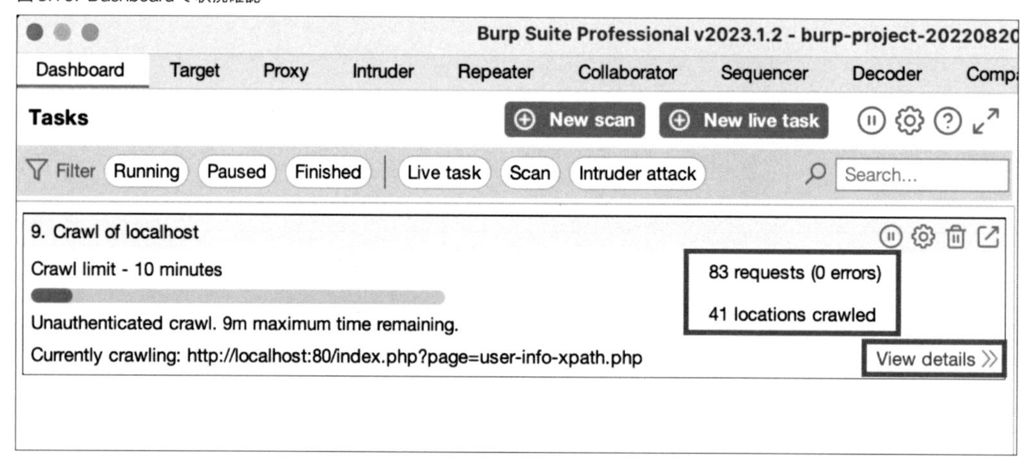

8. 上図の「View details」リンクを押下すると、より詳細なクローリング状況を確認できます。

たとえば、「Live crawl view」タブを開くと、クローリング中にアクセスした画面のキャプチャ画像をリアルタイムに表示してくれます。

図3.11: View details

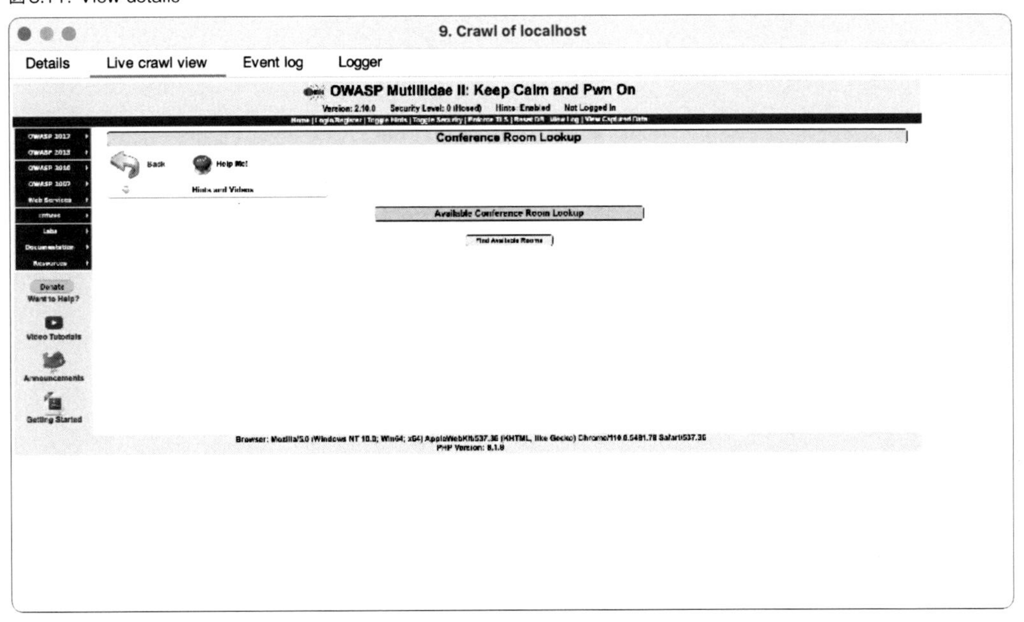

次図が「Crawl」を実行した結果です。

図3.12: Crawl実行結果

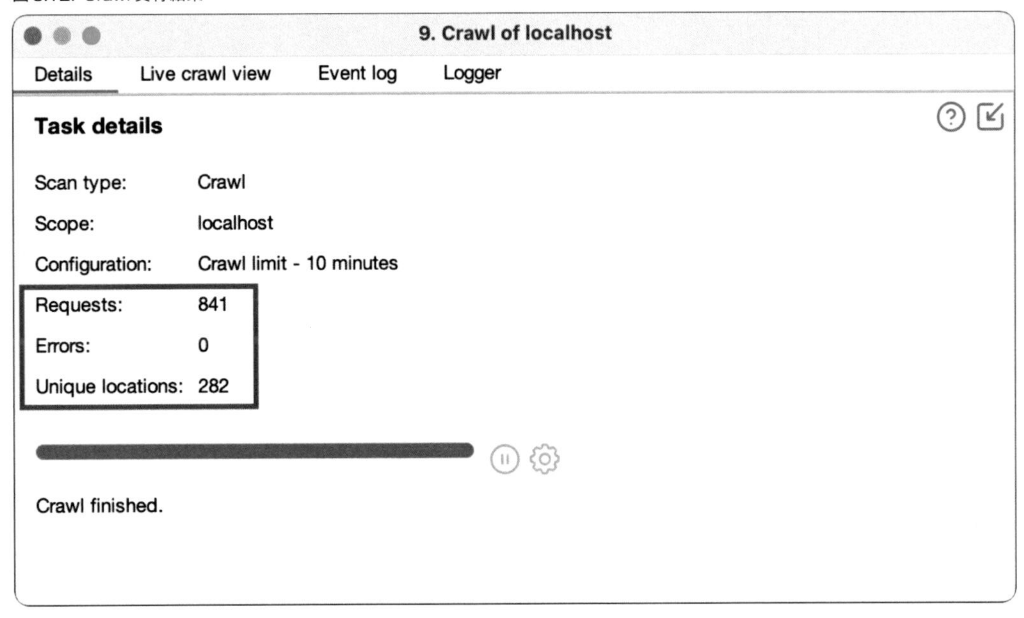

今回の場合、全部で841回リクエストを送信し、重複していないURLを282件検出したことを示しています。

3.2 URL一覧の作成

診断ツール上の履歴を選択してコピー（Ctrl+C または Command+C）すると、履歴の各列をタブ文字で区切った形式（TSV）でコピーできます。

次のふたつの図は、OWASP ZAPおよびBurp Suiteで履歴をコピーしたものをGoogleスプレッドシートに貼り付けた例です。

図3.13: OWASP ZAPの履歴をコピー

	A	B	C	D	E	F	G	H	I	
1	11	プロキシ	Wed Feb 08 03:27:11 JST 2023	GET	http://localhost/	200	OK	42	54222	
2	32	プロキシ	Wed Feb 08 03:27:50 JST 2023	GET	http://localhost/index.php?page=login.php	200	OK	31	57686	Med
3	37	プロキシ	Wed Feb 08 03:27:56 JST 2023	POST	http://localhost/index.php?page=login.php	302	Found	22	0	Low
4	38	プロキシ	Wed Feb 08 03:27:56 JST 2023	GET	http://localhost/index.php?popUpNotificationCode=AU1	200	OK	24	54407	Med
5										
6										

図3.14: Burp SuiteのHTTP Historyをコピー

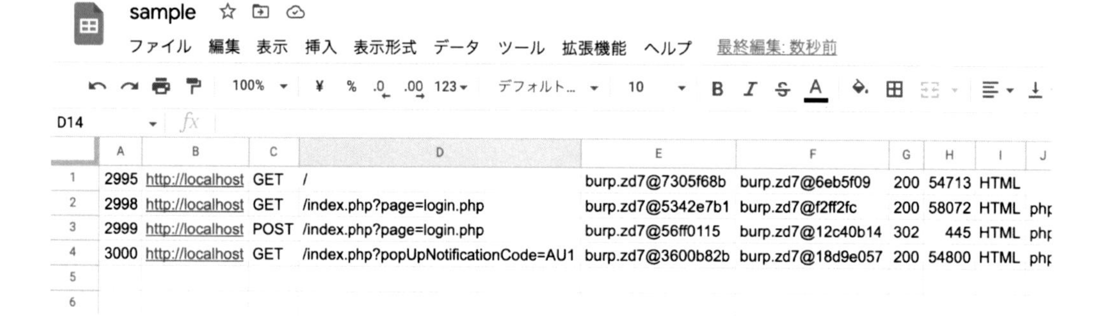

	A	B	C	D	E	F	G	H	I	J
1	2995	http://localhost	GET	/	burp.zd7@7305f68b	burp.zd7@6eb5f09	200	54713	HTML	
2	2998	http://localhost	GET	/index.php?page=login.php	burp.zd7@5342e7b1	burp.zd7@f2ff2fc	200	58072	HTML	php
3	2999	http://localhost	POST	/index.php?page=login.php	burp.zd7@56ff0115	burp.zd7@12c40b14	302	445	HTML	php
4	3000	http://localhost	GET	/index.php?popUpNotificationCode=AU1	burp.zd7@3600b82b	burp.zd7@18d9e057	200	54800	HTML	php
5										
6										

3.2.1 URLのみ

URLのみの一覧を作成する操作感に大きな差はありません。

OWASP ZAPとBurp Suite、それぞれ以下のように操作します。

- OWASP ZAP
  - 「履歴」でURLが表示されている行を右クリックして「URLをクリップボードにコピー」をクリック
- Burp Suite

—「HTTP History」でURLが表示されている行を右クリックして「Copy URL」をクリック

どのツールでも、複数のURLを選択して同じ操作を行うと、選択したURL群をまとめてコピーできます。

3.2.2 パラメーター付き

OWASP ZAP

リクエストペインの「Body」プルダウンリストで「Table (adv)」を選択すると、フォームのパラメーターがグリッド形式で表示されます。グリッドを選択してコピーするとTSV形式でコピーできるため、ExcelやGoogleスプレッドシートなどの表計算ツールに貼り付けるのに便利です。

図3.15: プルダウンリストで「Table (adv)」を選択

Burp Suite

古いバージョンではグリッド形式でパラメーター群を表示できるのでTSV形式でコピー可能でしたが、本書執筆時点のバージョンではグリッド形式のパラメーター表示が廃止されています。

一応、リクエストおよびレスポンスの右側にある「Inspector」のオプション（歯車アイコン）で設定すると、パラメーターやヘッダーなどをグリッド形式で表示できるようになります。

図3.16: Message editor settings

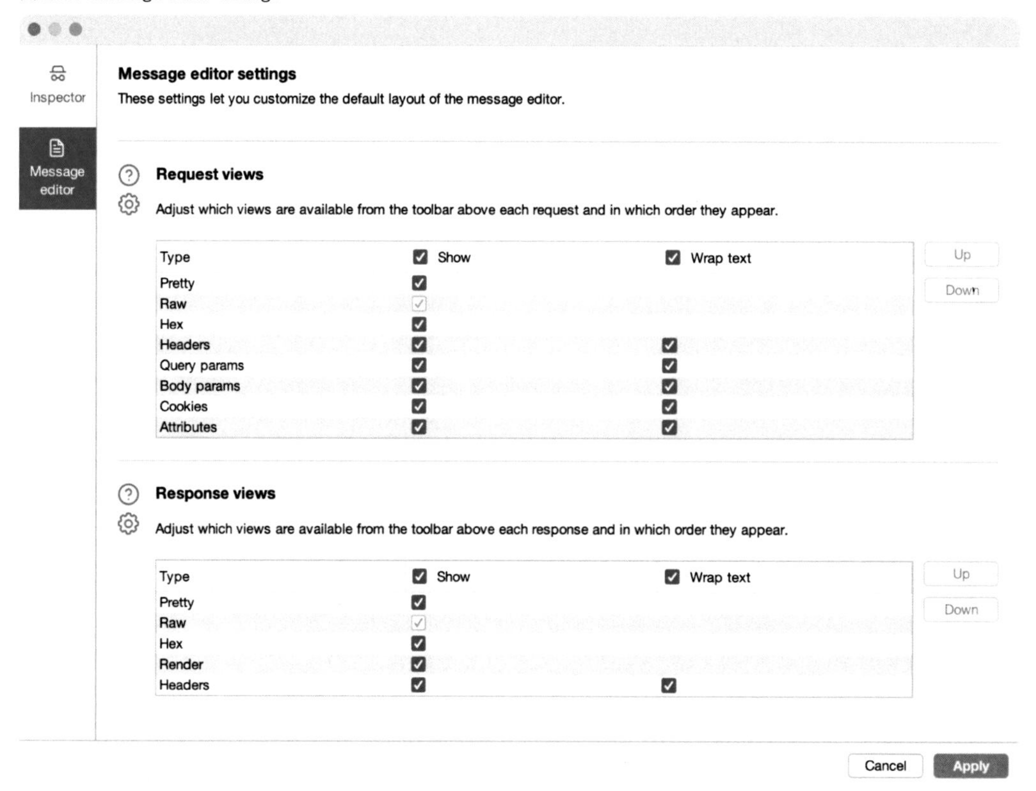

図3.17: Request - Body Params

Request

Pretty　Raw　Hex　Headers　Body Params

Name	Value
username	nilfigo
password	nilfigo
login-php-submit-button	Login

しかし、せっかくグリッド形式で表示しているにもかかわらず、グリッド部分を選択してコピーしても TSV 形式で貼り付けできません。

次の文字列は、前図のグリッドを全選択してコピーしたものを貼り付けた結果です。

```
username=nilfigo
password=nilfigo
login-php-submit-button=Login
```

name=value形式で貼り付けられます。

そこで、最終更新日は2017年3月と古めですが、現在のバージョンのBurp Suiteでも正常に動作する、タブ区切りでイイ感じにコピーしてくれるExtensionをご紹介します。

burp-copy-request-tsv
https://github.com/toubaru/burp-copy-request-tsv/releases/tag/v1.0

次図は「burp-copy-request-tsv」を使用してコピーしたデータを、Googleスプレッドシートに貼り付けた例です。

図3.18: 'Copy Request Tsv (Get/POST/Cookie)' でコピー

C	D	E
URL	page	login.php
Cookie	language	en
Cookie	welcomebanner_status	dismiss
Cookie	cookieconsent_status	dismiss
Cookie	continueCode	y1OzBZxNpnLrM5WmgEKv8XakQ7DA65TVl0J6yOlV9Pow1jYqbz2eRB34oE5m
Cookie	PHPSESSID	6gnegnuj0ve5n94sofhku02dop
Cookie	showhints	
Body	username	nilfigo
Body	password	nilfigo
Body	login-php-submit-button	Login

3.3 「診断対象確認」についての評価

自動的に診断対象を確認できるクローリングツールについては、OWASP ZAPもBurp Professionalも、特に迷うことなく直感的に操作できると思います。

今回の検証では、自動クローリングで検出したURL数に大きな違いがありました。しかし、単純に数が多い方がツールとして優れているとは限りません。

クローリングの精度については、どちらも一長一短があるという印象です。対象サイトの構成や実装方法などにより精度が左右されます。

また、URLのみをコピーしてExcelやGoogleスプレッドシートに貼り付ける操作については、それぞれのツールでほとんど差はありません。

しかし、診断対象のパラメーターを集めて整理する操作についてはバラツキがあります。
OWASP ZAPは標準の機能だけでもパラメーターを整理できます。ただ、使い勝手がいいかと言われると、素直に肯定するのは難しいです。

Burp Suiteについては、CommunityもProfessionalも標準では簡単にパラメーター全体をまとめてコピーできません。
筆者の経験上、脆弱性診断を生業としているエンジニアや企業では、本書で紹介した拡張機能ではなく、診断者や診断会社が独自に開発したパラメーター収集ツールを使用していることが多いです。

結局、どのツールで診断対象を確認するのがいいかというと、それぞれ一長一短があるので、お好みで選択してください、としかいえない状況だと考えます。

	OWASP ZAP	Burp Community	Burp Professional
自動クローリング	★★★★☆	☆☆☆☆☆	★★★★☆
URLのみコピー	★★★☆☆	★★★☆☆	★★★☆☆
パラメータのコピー（標準）	★★★☆☆	★☆☆☆☆	★☆☆☆☆
パラメータのコピー（拡張）	☆☆☆☆☆	★★★☆☆	★★★☆☆
計（20点満点）	10	7	11

第4章　診断対象選定

本章では、「診断対象選定」作業を実施するのに便利な機能がどれだけ備わっているかについて、OWASP ZAPとBurp Suiteを比較します。

4.1　履歴のハイライト

ここでいう「ハイライト」とは、履歴の行全体の背景色を変更することを意味します。

4.1.1　OWASP ZAP

OWASP ZAPの場合、ハイライト機能は本体に実装されていません。
履歴にハイライトを入れるには、アドオン「Neonmarker」のインストールが必要です。

Neonmarkerのインストール

Neonmarkerは次の手順でインストールします。

1. OWASP ZAPのメニューで「ヘルプ」＞「アップデートのチェック...」をクリック
2. 「マーケットプレイス」タブをクリック
3. 「フィルタ」欄に「neon」と入力してNeonmarkerアドオンを検索
4. Neonmarkerの右端のチェックボックスにチェックを入れる
5. 【選択済みをインストール】ボタンをクリック

図4.1: マーケットプレイスで「Neonmarker」を選択

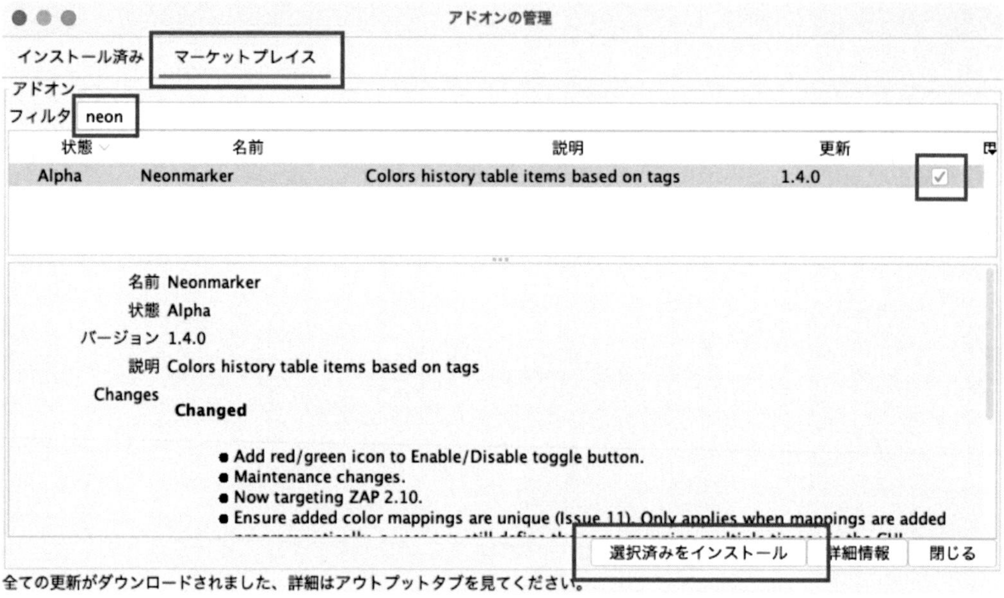

「履歴」タブでハイライトを設定したいURLを右クリックして「Neonmarker」>「Select/Set Color」を選択すると、任意の色で設定できます。

さらに、履歴の特定の「タグ」にマッチしたURLに対して、自動的にハイライトを設定することもできます。

履歴のタグ機能を利用して、診断対象URLにハイライトを入れる手順を示します。

1. 履歴上で診断対象URLを右クリックして「Manage History Tags...」をクリック
2. 「タグ追加」コンボボックスに「TARGET」と入力して【追加】ボタンをクリック「TARGET」は任意の文字列を設定可能
3. 【保存】ボタンをクリックして「Magnage History Tags」ダイアログを閉じる
4. Neonmarkerタブを開き、ハイライトの色を決める
5. プルダウンリストで「TARGET」を選択
6. TARGETタグを追加した履歴にハイライトが設定される。

図4.2: タグ「TARGET」にハイライトを設定

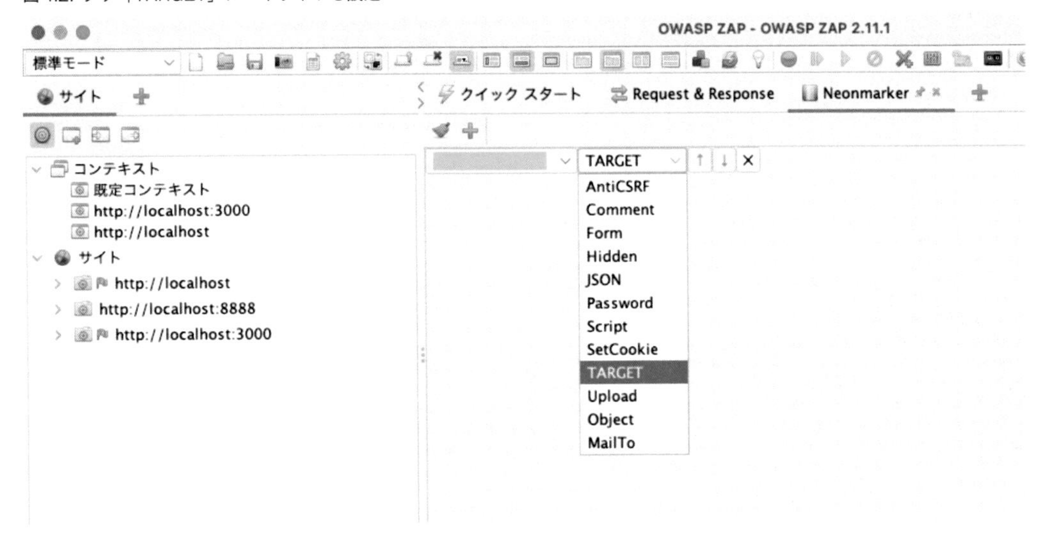

図4.3: 履歴にハイライトを設定

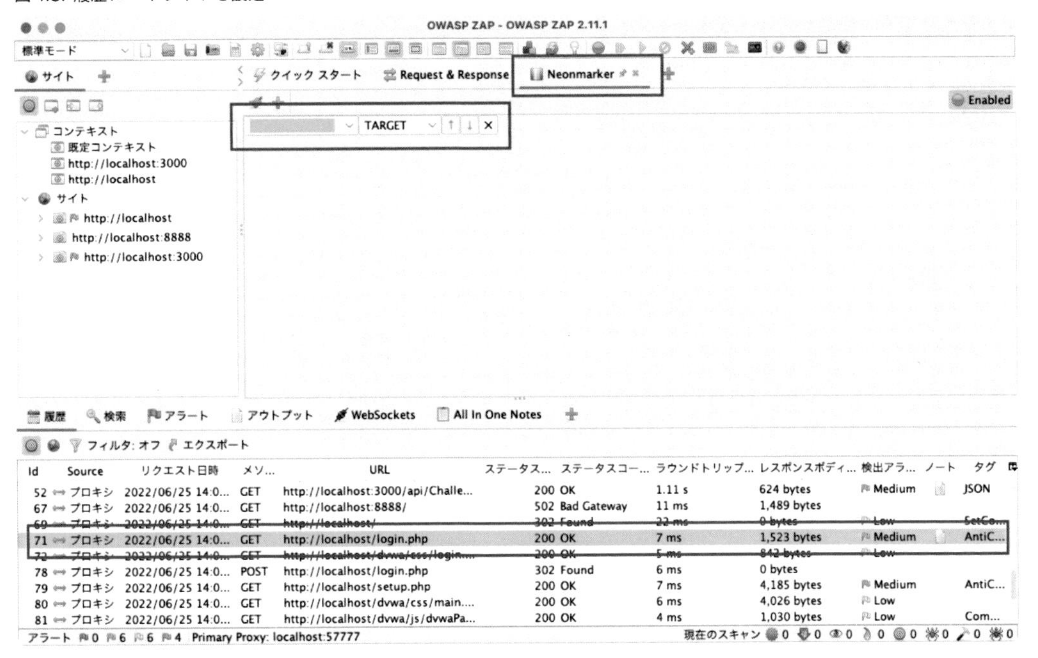

4.1.2 Burp Suite

Burp Suiteでも履歴にハイライトを設定できます。設定する色は9色の中から選びます。

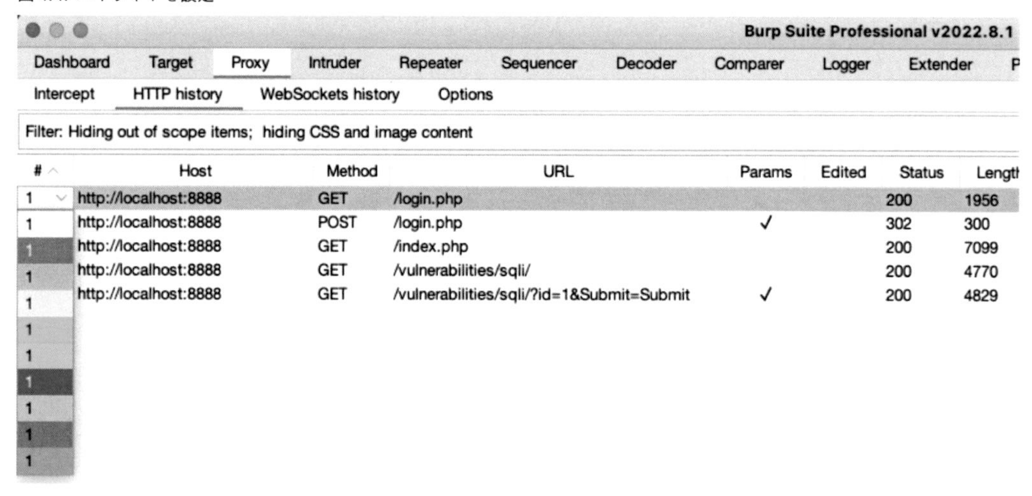

図 4.4: ハイライトを設定

ハイライトを設定する機能は、ショートカットキーを割り当てられます。

「Settings」＞「User」＞「User interface」＞「Hotkeys」にある「Edit hotkeys」ボタンを押下して「Add highlight」のショートカットキーを設定します。

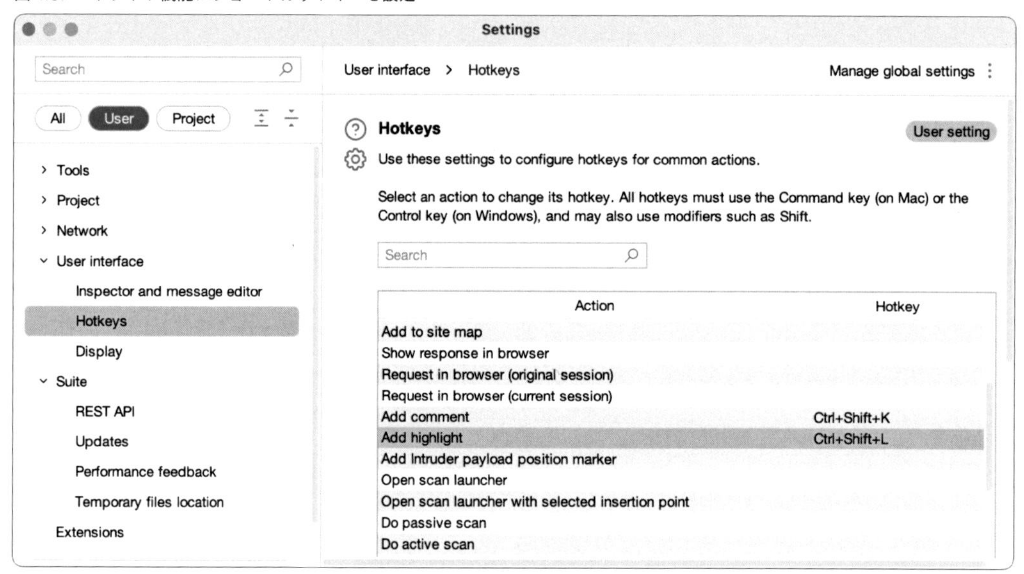

図 4.5: ハイライト機能にショートカットキーを設定

4.2 履歴の絞り込み

どちらのツールも、さまざまな条件で履歴を絞り込む機能を持っています。

4.2.1 OWASP ZAP

履歴タブ内の「フィルタ」アイコンをクリックすると、「履歴のフィルタ」ダイアログが表示されます。

履歴のフィルタでは、次の条件による絞り込みが可能です。

・メソッド（GETやPOSTなど）
・コード（200や403など）
・タグ
・アラート（Passive ScanおよびActive Scanの結果）
・URL Inc Regex（正規表現にマッチするURLのみ表示）
・URL Exc Regex（正規表現にマッチするURLを非表示）

図4.6: 履歴のフィルタ

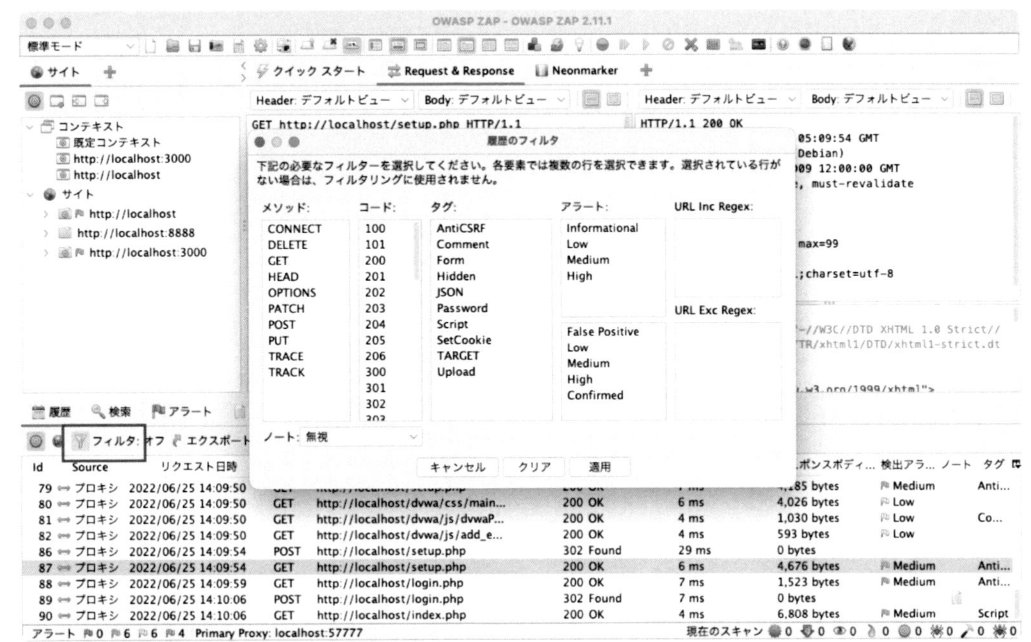

4.2.2 Burp Suite

Burp Suiteも多種多様な条件で履歴を絞り込めます。

・Filter by request type
　—スコープに含まれる履歴のみを表示
　—レスポンスがない履歴を隠す
　—パラメータを伴うリクエストのみを表示

・Filter by MIME type
—画像やスタイルシートなどを非表示に
・Filter by status code
—200系や300系など、ステータスコードの系統ごとに表示を切り替え
・Filter by search term
—キーワードによる絞り込み
・Filter by file extension
—拡張子による絞り込み
・Filter by annotation
—コメントやハイライトが設定されている履歴のみを表示
・Filter by listener
—ポート番号による絞り込み

図4.7: 履歴のフィルタ

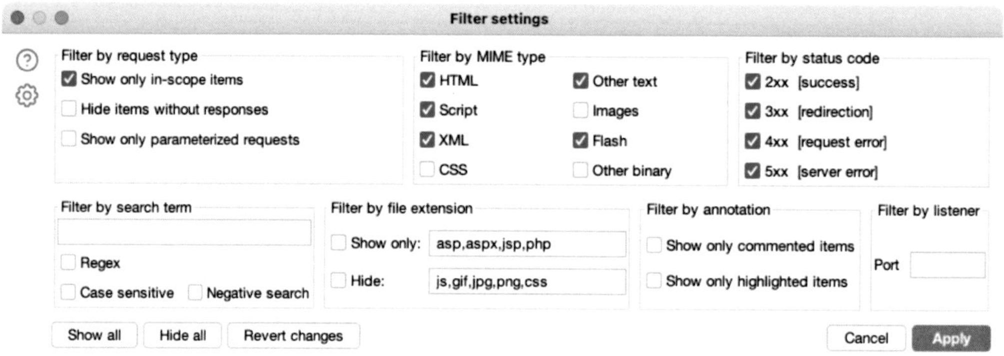

4.3 ハイライトによる履歴の絞り込み

4.3.1 OWASP ZAP

「履歴のフィルタ」機能でタグによる絞り込みは可能ですが、ハイライトの有無により絞り込むことはできません。

4.3.2 Burp Suite

「Filter」機能で、ハイライトが設定されている履歴のみに絞り込んで表示が可能です。

4.4 履歴へのコメント

4.4.1 OWASP ZAP

「ノート」という機能を利用すると、履歴にコメントを登録できます。
しかし、標準の機能では履歴の一覧上でノートを直接確認できません。そこで、「All In One Notes」

アドオンをオススメします。このアドオンを導入するとノートの使い勝手が向上します。

All In One Notesは次の手順でインストールします。

1. OWASP ZAPのメニューで「ヘルプ」＞「アップデートのチェック...」を押下
2. 「マーケットプレイス」タブを押下
3. 「フィルタ」欄に「note」と入力してAll In One Notesアドオンを検索
4. All In One Notesの右端のチェックボックスにチェックを入れる
5. 「選択済みをインストール」ボタンを押下

図4.8: マーケットプレイスで「All In One Notes」を選択

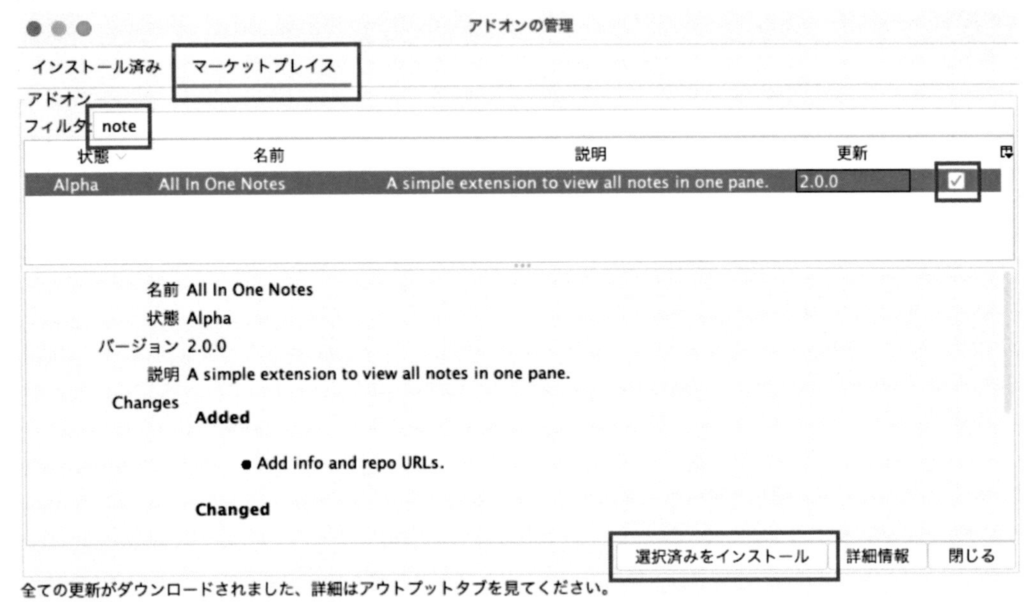

インストール後は次の手順でAll In One Notesを使用できます。

1. 履歴タブの右方にある緑の「＋」アイコンを押下して「All In One Notes」を選択
2. All In One Notesタブが表示される。

図4.9: 「All In One Notes」タブを表示

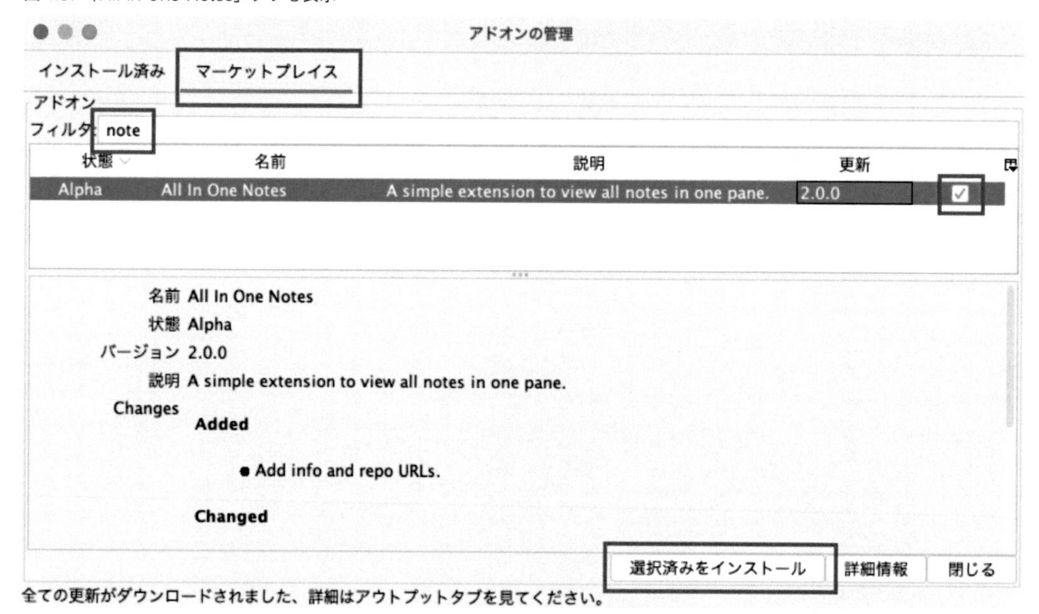

All In One Notesタブでノートの一覧が表示され、一覧上でノートの内容を確認できます。一覧のノートをクリックすると、当該ノートが記録されている履歴にジャンプします。

4.4.2 Burp Suite

「Add comment」機能で履歴にコメントを登録可能です。

OWASP ZAPにはない機能として、ショートカットキーの割り当てが可能です。

さらに、履歴の一覧上でコメントを直接確認できるのも、OWASP ZAPに対してのアドバンテージです。

4.5 コメントによる履歴の絞り込み

4.5.1 OWASP ZAP

履歴の「フィルタ」機能に、ノートの有無で履歴を絞り込む機能があります。

図4.10: ノートの有無で絞り込み

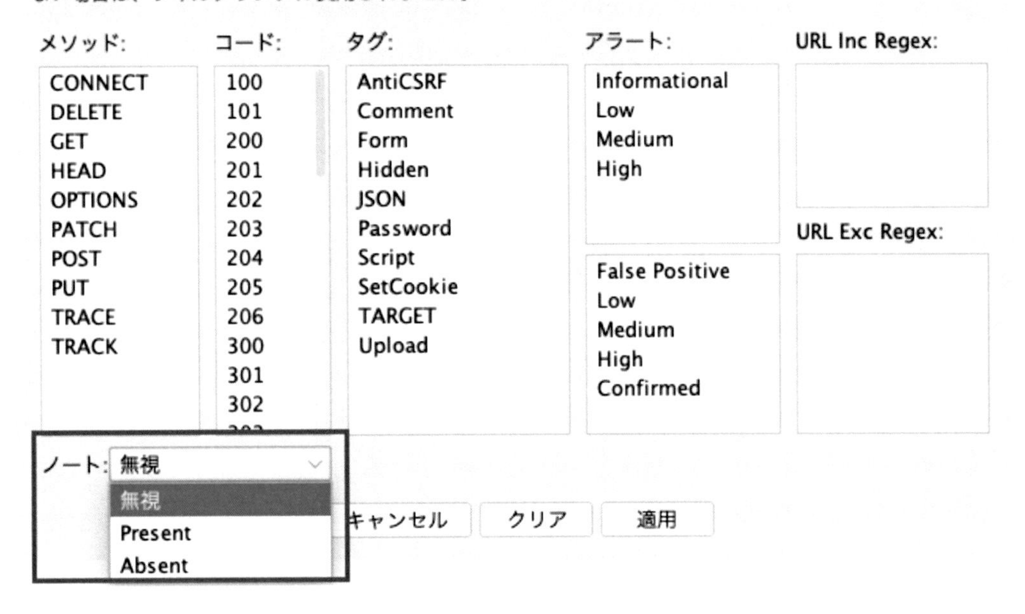

「Present」を選択すると、ノートが登録されている履歴のみを一覧に表示できます。
ただし、残念ながらノートの文言を検索することができません。

4.5.2　Burp Suite

「Filter」機能に、コメントを含む履歴のみに絞り込む機能があります。
さらに、「Filter」の検索機能でコメントの文言を検索できます。

4.6　「診断対象選定」についての評価

どちらのツールも履歴のハイライトおよびコメント機能が備わっていますが、下表の点数に反映されているとおり、使い勝手がいいのは圧倒的にBurp Suiteです。

	OWASP ZAP	Burp Community	Burp Professional
履歴にハイライト	★★☆☆☆	★★★★★	★★★★★
履歴にコメント	★★☆☆☆	★★★★★	★★★★★
ハイライトで絞り込み	★★☆☆☆	★★★★★	★★★★★
コメントで絞り込み	★★☆☆☆	★★★★★	★★★★★
計（20点満点）	8	20	20

OWASP ZAPに備わっているのは必要最低限の機能で、診断対象を選定する作業で有用かというと、正直微妙なところです。

第5章　診断作業準備

本章では、「診断作業準備」作業を実施するのに便利な機能がどれだけ備わっているかについて、OWASP ZAPとBurp Suiteを比較します。

5.1　プロキシ設定

「プロキシ設定」は脆弱性診断ツールで必須の機能です。

ツール内で起動するプロキシの待ち受けIPアドレス（ホスト名）および待ち受けポート番号を設定します。

5.1.1　OWASP ZAP

OWASP ZAP自身のプロキシ設定は、「ツール」＞「オプション」＞「Network」＞「Local Servers/Proxies」で行います。OWASP ZAPの待ち受けIPアドレス（ホスト名）と待ち受けポート番号を設定します。

図5.1: Local Servers/Proxies

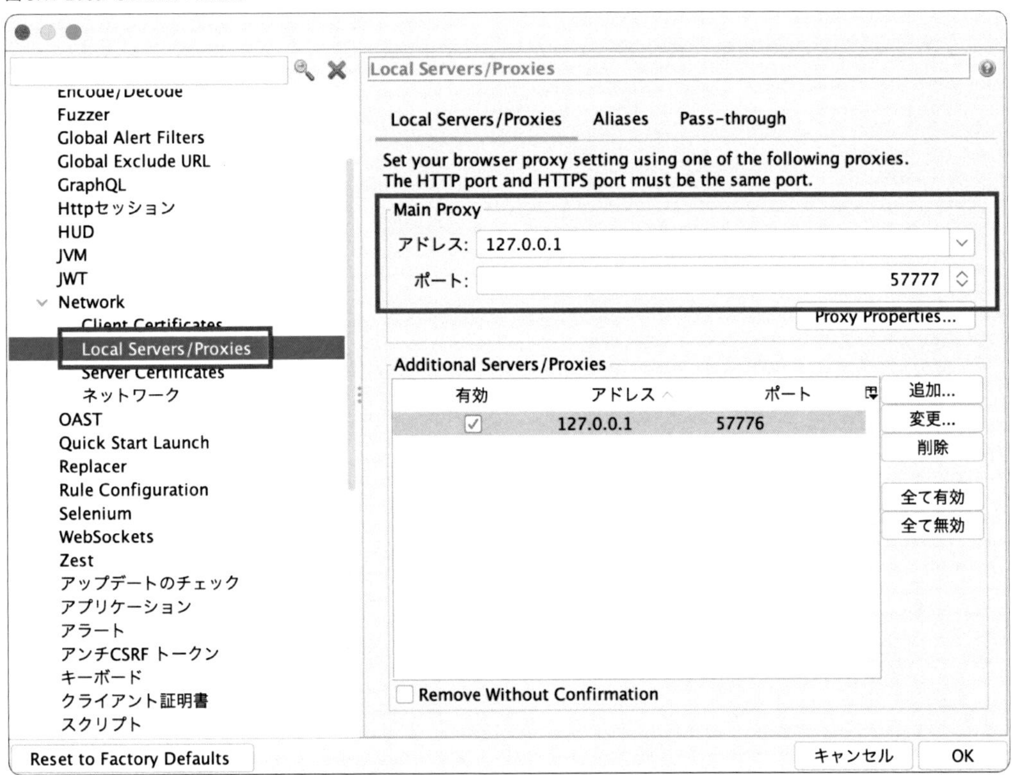

「Main Proxy」設定の下にある「Additional Servers/Proxies」にプロキシ設定を追加できます。

5.1.2　Burp Suite

Burp Suite自身のプロキシ設定は、「Settings」>「Project」>「Tools」>「Proxy」>「Proxy Listeners」で行います。Burp Suiteの待ち受けIPアドレス（ホスト名）と待ち受けポート番号を設定します。

図5.2: Proxy listeners

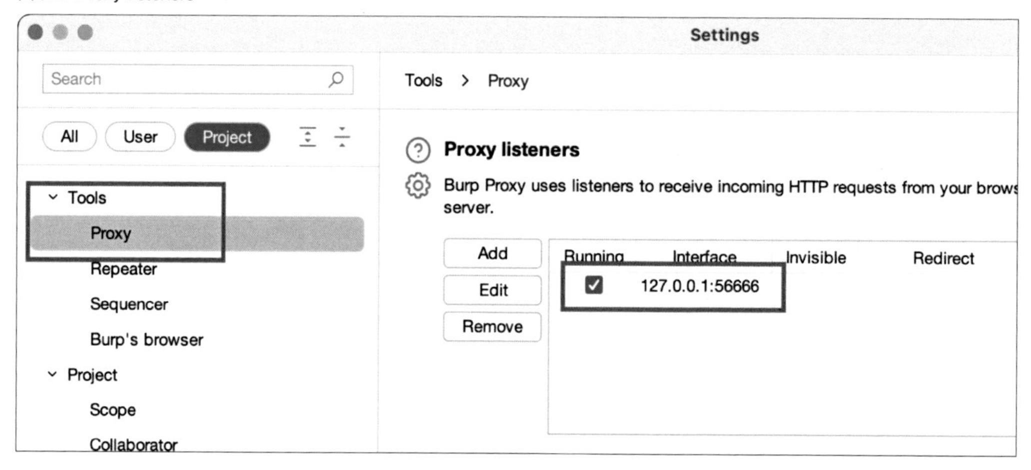

オススメの待ち受けポート番号

OWASP ZAPもBurp Suiteも、待ち受けポート番号として「8080」がデフォルトで設定されます。

しかし、8080というポート番号は「大人気」の番号であるため、診断ツールの待ち受けポート番号を8080にすると、既存のサービスが使用しているポート番号と被ってしまう危険性が高くなります。

そこでオススメなのが、次の範囲のポート番号です。

49152〜60999

この範囲は一見でたらめに見えますが、一応の根拠があります。

まず、TCP/IPのポート番号は0から65535までの整数が範囲として定められています。

また、情報源がWikipediaで申し訳ございませんが、49152から65535までが「動的・私用ポート (Dynamic and/or Private Ports) 番号」と定義されています。

さらに、情報源によると、多くのLinuxでは「32768〜60999」が動的・私用ポートとして設定され、FreeBSDでは「49152〜65535」が同様に設定されているとあります。

以上より、上記3つの動的・私用ポートの範囲で重複している範囲「49152〜60999」をオススメ推奨ポート範囲としています。

※引用元：「TCPやUDPにおけるポート番号の一覧 - Wikipedia」
https://ja.wikipedia.org/wiki/TCP%E3%82%84UDP%E3%81%AB%E3%81%8A%E3%81%91%E3%82%8B%E3%83%9D%E3%83%BC%E3%83%88%E7%95%AA%E5%8F%B7%E3%81%AE%E4%B8%80%E8%A6%A7#%E5%8B%9

5%E7%9A%84%E3%83%BB%E7%A7%81%E7%94%A8%E3%83%9D%E3%83%BC%E3%83%88%E7%95%AA%E5%8F%B7_(49152%E2%80%9365535)

5.2 外部プロキシ設定

5.2.1 OWASP ZAP

OWASP ZAPを外部プロキシに接続する設定は、次の場所にあります。

「ツール」>「オプション」>「Network」>「ネットワーク」>「HTTP Proxy」

「有効」にチェックを入れると「ホスト」と「ポート」が入力可能になります。

次図は外部プロキシの設定例です。

図5.3: HTTP Proxy

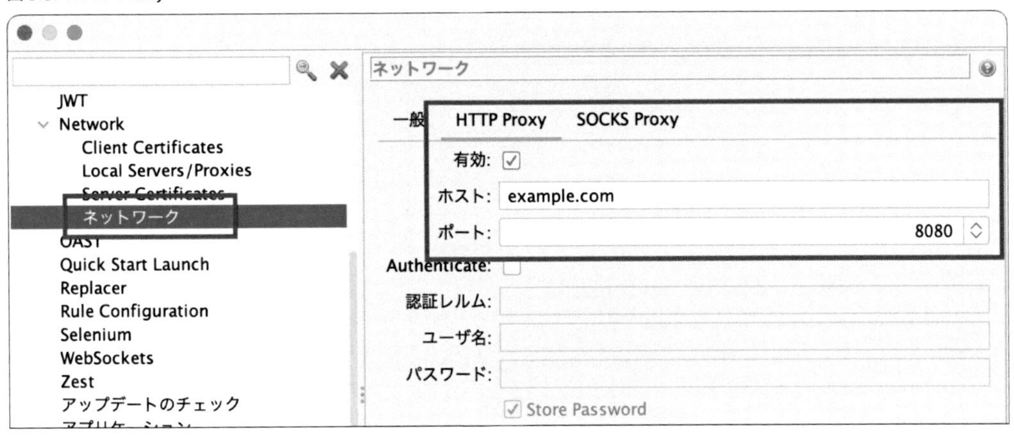

OWASP ZAPは、外部プロキシをひとつしか定義できません。

5.2.2 Burp Suite

Burp Suiteを外部プロキシに接続する設定は次の場所にあります。

「Settings」>「User」>「Network」>「Connections」>「Upstream Proxy Servers」

図5.4: Upstream proxy servers

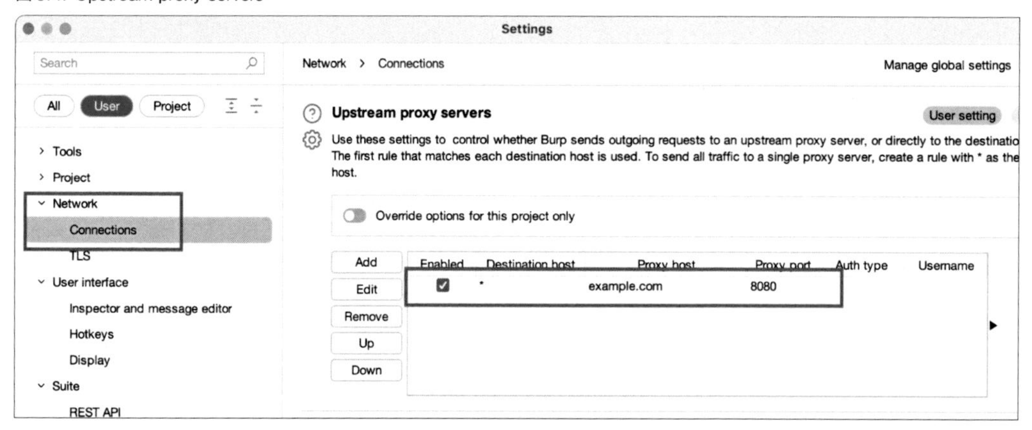

Burp Suiteは外部プロキシを複数定義できます。送信先ホスト名により、使用する外部プロキシを切り替えられます。

5.3 診断対象範囲の定義（スコープ）

それぞれのツールに存在する「スコープ」という機能を使用すると、自動および手動診断ツールによる診断作業を、特定の診断対象のみに制限できます。スコープを設定すると、診断作業を許可されていないWebサイトに対して診断作業を実施してしまう、インシデントの発生を防止できます。

5.3.1 OWASP ZAP

スコープ機能を使用するためには、まず、OWASP ZAPのモードを「プロテクトモード」に設定する必要があります。

原則として、プロテクトモードではクローリングや動的スキャンの実行などの診断作業が一切できなくなります。プロテクトモードで診断を実施するためには、「コンテキスト」に診断対象URLを登録しなければなりません。コンテキストにURLを登録すると、自動的に「スコープ」に含められます。

診断対象URLをスコープに含める方法を示します。

1. 左上のサイトタブで診断対象URLを右クリックして「コンテキストに含める」>「新規コンテキスト...」を選択します。

図5.5: 新規コンテキスト

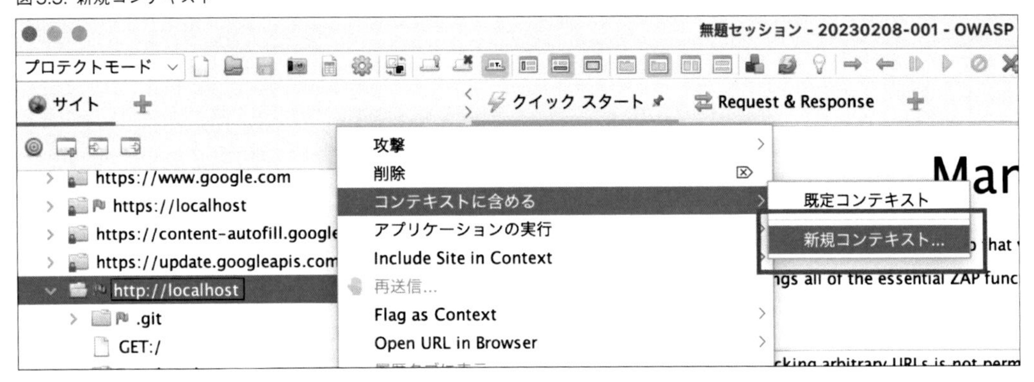

2.「セッション・プロパティ」ダイアログが表示されるので、コンテキストに診断対象URLが登録されたことを確認します。

図5.6: セッション・プロパティ

正規表現により診断対象URLが定義されています。この例だと、先頭が「http://localhost/」から始まるすべてのURLが診断対象となります。

3. 左側の「コンテキスト」ツリーでコンテキスト名（下図ではhttp://localhost/）を選択すると、「スコープに含める」チェックボックスにチェックが入っていることを確認できます。

図5.7: 「スコープに含める」にチェック

スコープに含められたURLが、クローリングツール「Spider」や動的スキャン（Active Scan）の対象となります。

なお、プロテクトモードにしておけば、スコープ外のURLに対しては一切の診断作業ができない状態を維持できます。

5.3.2 Burp Suite

診断対象となるURLを「Scope」に登録することで、診断対象外URLに対する診断作業を防止できます。

Burp Suiteで診断対象URLをスコープに登録する方法はいくつかありますが、確実に想定しているURLを登録できる手順を説明します。これから説明する方法では、診断対象サイトにアクセスする前にスコープに登録できるので、より安全です。

1. スコープに含めたいURLをコピーします。すでにBurp SuiteのHistory上に含めたいURLが存在している場合は、URLを右クリックして「Copy URL」メニューを押下するとコピーできます。
2. 「Settings」>「Project」>「Project」>「Scope」を選択して表示された「Target scope」の「Use advanced scope control」チェックボックスにチェックを入れます。

図5.8: 「Use advanced scope control」チェックボックスにチェック

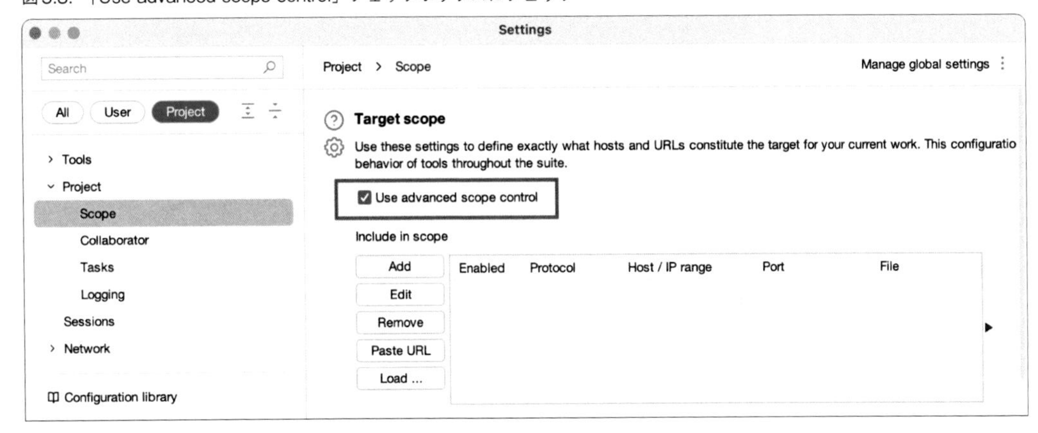

3．「Paste」ボタンを押下します。このとき、次図のダイアログが表示されたら「No」ボタンを押下します。

簡単に説明すると、このダイアログはスコープ外へのリクエストを履歴に含めるかどうかを決めるものです。「Yes」ボタンを押下してスコープ外へのリクエストを排除した方が安全ですが、そうすることで確認できなくなる通信が発生する恐れがあるため、「No」ボタンを押下してスコープ外へのリクエストを履歴に保持するようにします。

図5.9: Proxy history logging

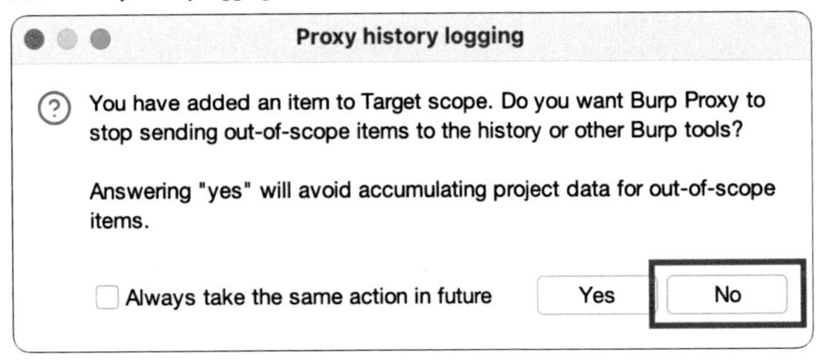

4．3のダイアログを閉じると「Include in scope」に診断対象URLが登録されます。

図5.10: Scopeに登録完了

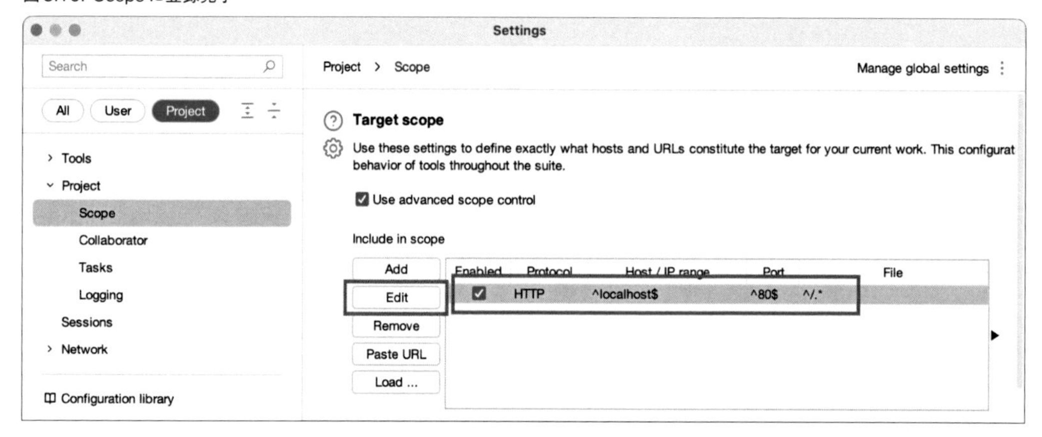

5．このままでもいいのですが、より使い勝手をよくするために修正します。

スコープ定義を選択した状態で「Edit」ボタンを押下してスコープ編集ダイアログを表示させます。

図5.11: Edit URL to include in scope

Edit URL to include in scope

Specify a regular expression to match each URL component, or leave blank to match any item. An IP range can be specified instead of a hostname.

Protocol: HTTP

Host or IP range: ^localhost$

Port: ^80$

File: ^/.*

Paste URL　OK　Cancel

6．表示されたダイアログで次のように値を修正します。

項目	元の値	修正後の値
Protocol	HTTP or HTTPS	Any
Host or IP range	ホスト名の正規表現	修正しない
Port	^80$ or ^443$	削除（空欄にする）
File	^/.$ など	修正しない

図5.12: Edit URL to include in scope

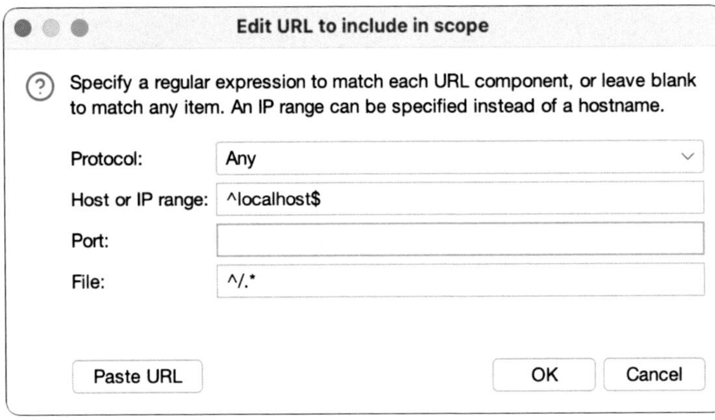

以上の操作で、HTTPまたはHTTPSのどちらもスコープに含まれる定義となります。

5.4 「診断作業準備」についての評価

プロキシ設定については、Burp Suiteの方がすっきりとしていて定義を確認しやすいです。

OWASP ZAPでは、メインで設定している定義と追加で設定した定義が別の場所にあります。このため、どの定義が優先的に使用されるのかがわかりにくいです。

外部プロキシについては、Burp Suiteは複数の定義を保存して同時に適用可能ですが、OWASP ZAPは外部プロキシ設定をひとつしか保存できません。

スコープについては、OWASP ZAPよりBurp Suiteの方が直感的でわかりやすいです。

以上より、次のような評価となります。OWASP ZAPも悪いわけではないのですが、Burp Suiteと比較すると使い勝手の悪さが目立ってしまいます。

項目	OWASP ZAP	Burp Community	Burp Professional
プロキシ設定	★★★★☆	★★★★★	★★★★★
外部プロキシ	★★☆☆☆	★★★★★	★★★★★
スコープ	★★★☆☆	★★★★★	★★★★★
計（15点満点）	9	15	15

第6章　診断作業実施

本章では、「診断作業」を実施するのに便利な機能がどれだけ備わっているかについて、OWASP ZAPとBurp Suiteを比較します。

6.1　手動診断

6.1.1　リクエストおよびレスポンスの一時停止

Webブラウザ上のアドレス欄のURLや画面に表示されているフォームに脆弱性診断用文字列「ペイロード（Payload）」を入力して、結果を判断するのが脆弱性診断の最初の一歩です。
ところが、Webブラウザのフォームにペイロードを入力しようとした際に、フォームの制限によりペイロードを入力できないことがあります。

以下はよくある制限例です。

・電話番号欄で数字とハイフン「-」のみを受け付ける
・住所欄でマルチバイト文字（全角文字）のみを受け付ける

このままだとクロスサイト・スクリプティングやSQLインジェクションなどの脆弱性を診断することができません。たとえば、クロスサイト・スクリプティングを検出しようとした場合、「`<script>`」のようなHTMLタグや「`document.cookie`」のようなJavaScriptコードをペイロードとして送信することで、脆弱性の有無を判断します。しかし、上記の電話番号欄のように数字とハイフンのみしか入力できないとなると、クロスサイト・スクリプティングの診断ができなくなってしまいます。

そこで、OWASP ZAPやBurp Suiteなどの診断ツールには、Webブラウザからのリクエストや Webサーバからのレスポンスをツール上で一時停止する機能が備わっています。リクエストやレスポンスを一時停止するだけではなく、内容を改変することも可能です。
この一時停止機能のことを、OWASP ZAPでは「ブレークポイント（Break）」、Burp Suiteでは「Intercept」と呼称しています。

OWASP ZAP（Break）

デフォルトでリクエストおよびレスポンスを一時停止可能です。
「ツール」＞「オプション」＞「ブレークポイント」で一時停止機能の設定を変更します。

図6.1: ブレークポイント

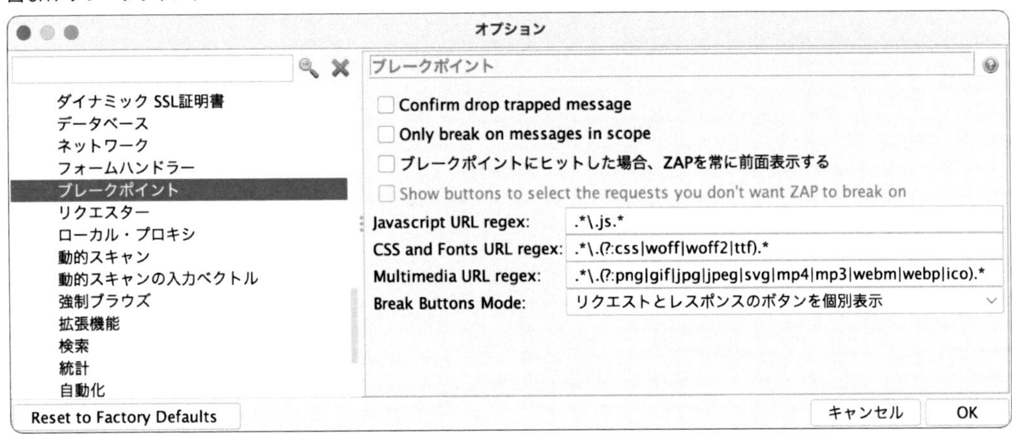

Burp Suite (Intercept)

デフォルトではリクエストは一時停止できますが、レスポンスを一時停止できないため、設定が必要です。

「Settings」>「Project」>「Tools」>「Proxy」の「Request interceptions rules」および「Reskponse interception rules」にて一時停止する条件を設定可能です。

図6.2: interception rules

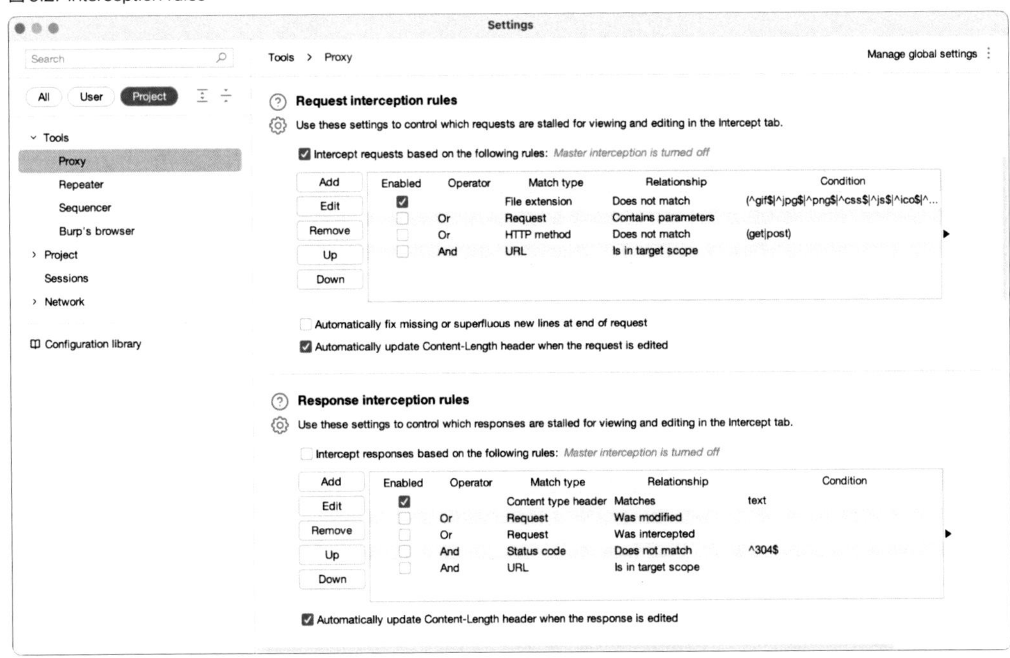

6.1.2　取得済みのリクエストを再送信

一時停止機能は便利ですが、いちいちWebブラウザを操作して一時停止してからペイロードを追加して…というのはちょっと面倒です。せっかくツールにリクエストが保存されているのですから、再利用したいというのは自然な欲求です。

それぞれのツールには、既存の履歴を再送信する機能が備わっています。

再送信機能は、OWASP ZAPでは「再送信（Resend）」、Burp Suiteでは「Repeater」と呼称しています。

なお、OWASP ZAPに実装されている再送信機能はBurp Suiteに比べて、使い勝手がよくないです。
いろいろ機能が劣っているのですが、一番残念なのは再送信の履歴を保存できない点だと筆者は考えます。同じことを考えたエンジニアがいたようで、「Requester」というアドオンが公開されています。このアドオンを使用すると、次に列挙したような、Burp SuiteのRepeaterと同様の操作感を得ることができます。

・再送信の履歴をタブ形式で残すことができる
・タブの名称を変更できる

6.1.3　履歴の比較

ふたつの履歴のリクエストやレスポンスを比較する機能があります。この機能で次のような診断作業を実施できます。

・ふたつのリクエストで送信しているCookieの値を比較
・正常な値と診断用ペイロードを送信した場合のレスポンスを比較
・異なる2種類のペイロードを送信した場合のレスポンスを比較

例として、SQLインジェクション脆弱性が存在しているWebアプリケーションに対して、次のふたつのペイロードを送信した場合のレスポンスを比較してみます。

```
1'AND'a'='a
1'AND'a'='b
```

OWASP ZAP

「履歴」上で比較したいふたつの履歴を選択して右クリックし、比較のメニューを選択します。比較のメニューは「Compare 2 Requests」または「Compare 2 Responses」です。リクエストを比較する場合は前者で、レスポンスを比較する場合は後者です。

今回はレスポンスを比較するので、「Compare 2 Responses」をクリックします。

図6.3: Compare 2 Responses

メニューをクリックすると、次図の「差分」ダイアログが表示されます。
異なる箇所がハイライトされています。

図6.4: 差分

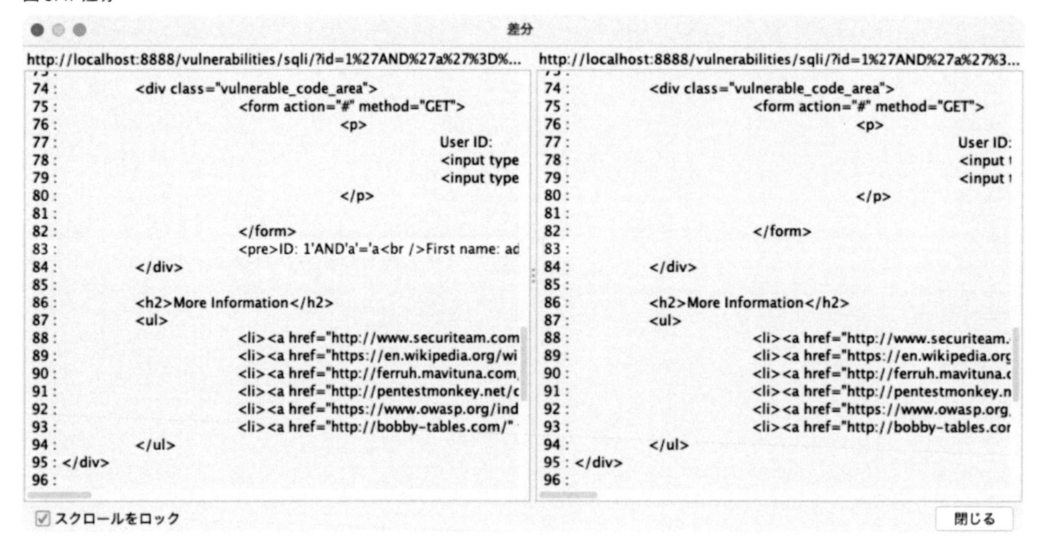

左下にある「□スクロールをロック」にチェックを入れると、左右のスクロールが連動します。

Burp Suite

「HTTP History」上で比較したいふたつの履歴を選択して右クリックし、比較のメニューを選択します。比較のメニューは「Send to Comparer (Requests)」または「Send to Comparer (Responses)」です。リクエストを比較する場合は前者で、レスポンスを比較する場合は後者です。

今回はレスポンスを比較するので、「Send to Comparer (Responses)」をクリックします。

図6.5: Send to Comparer (Responses)

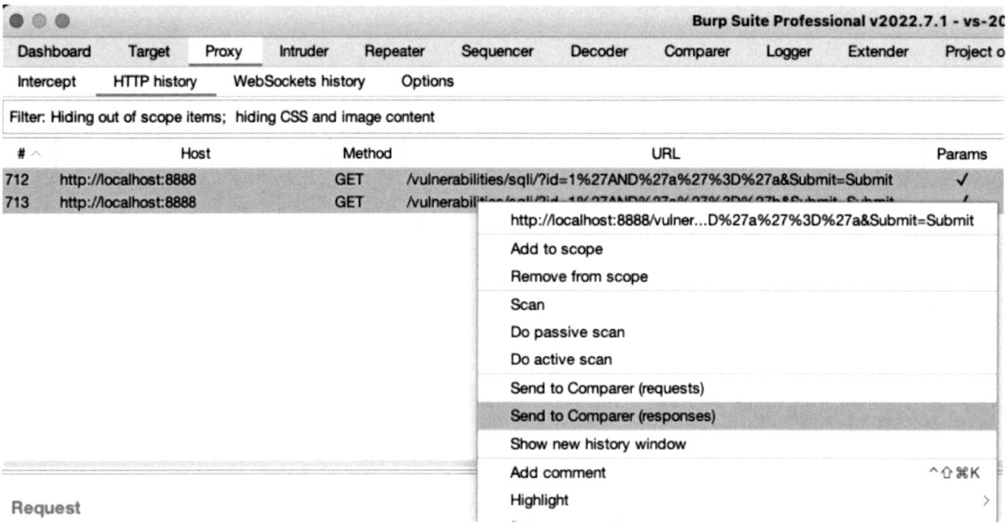

メニューをクリックすると、Burp Suiteの「Comparer」タブの文字の色がオレンジ色に変化します。オレンジ色に変化したら「Comparer」タブを開きます。

図6.6: Comparerタブ

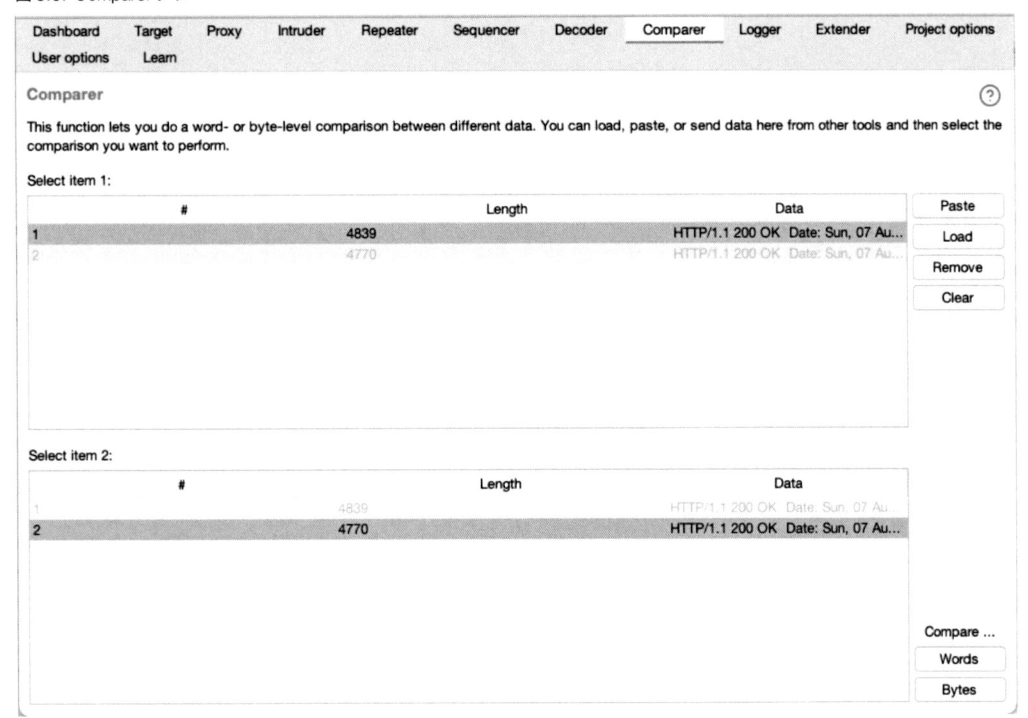

右下にある「Words」ボタンを押下すると、次図の比較ダイアログが表示されます。

図6.7: Word compare of #1 and #2 (4 differnces)

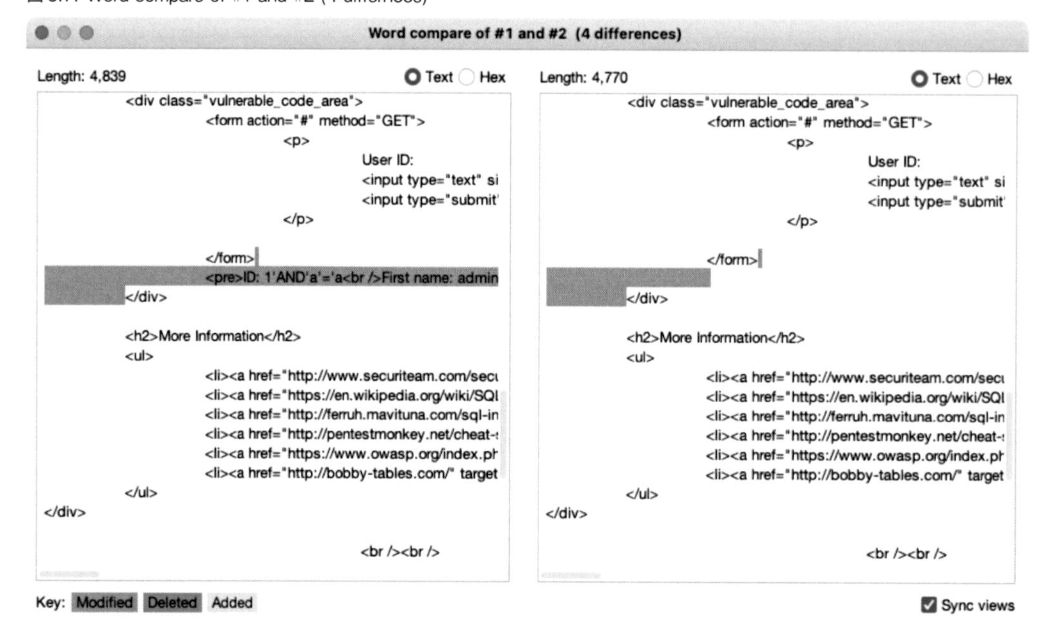

異なる箇所がハイライトされています。

OWASP ZAPのハイライトは1種類のみですが、Burp Suiteは「Modify」と「Deleted」、「Added」という3種のハイライトがあります。それぞれが色分けされるので、差分が変化したのか、あるいは削除されたのかを見分けやすいです。

右下にある「□Sync views」にチェックを入れると、左右のスクロールが連動します。

Burp Suiteの場合、ダイアログのタイトル部分で差分がいくつあるかを示しています。(図の「4 differences」)

6.2 自動診断

6.2.1 静的スキャンと動的スキャン

大きく分けて、自動診断には「静的スキャン（Passive Scan）」と「動的スキャン（Active Scan）」の2種類があります。

静的スキャンとは、診断ツールに記録されているHTTPレスポンスヘッダーおよびHTTPレスポンスボディを検索して脆弱性の有無を調査する機能です。

動的スキャンとは、一般に「ペイロード（Payload）」と呼ばれる診断用文字列をWebアプリケーションに自動的に送信することで脆弱性を検出する機能です。

6.2.2　静的スキャン

・Passive Scanner（OWASP ZAP）
・Scan(Burp Suite Professional)

静的スキャンは、診断ツールに保存されているレスポンスを検索して脆弱性の有無を判断します。このため、静的スキャンの実施によってWebアプリケーションにリクエストが送信されることは、原則としてありません。

OWASP ZAPとBurp Professionalそれぞれに静的スキャン機能が実装されています。どちらも、デフォルトでは自動的に静的スキャンを実施して、結果をツール内に出力します。

ここで、それぞれのツールで静的スキャンを実行してみます。

静的スキャンを実行する対象は、脆弱性診断を学習するためのWebアプリケーション「OWASP Mutillidae II（以降、Mutillidae IIと呼称）」です。

Mutillidae IIのトップ画面にアクセスした際に、それぞれのツールで実行された静的スキャンの結果を次に示します。

図6.8: OWASP ZAP の静的スキャン結果

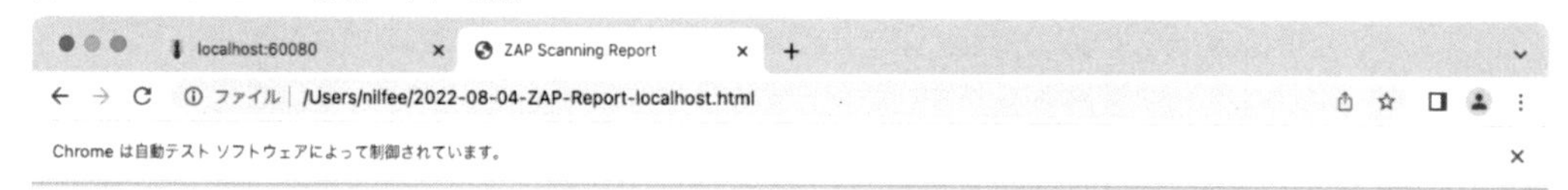

ZAP Scanning Report

Site: http://localhost:60080

Generated on 木, 4 8月 2022 03:06:50

Summary of Alerts

Risk Level	Number of Alerts
高	0
中	5
低	9
Informational	5

アラート

名前	Risk Level	Number of Instances
Content Security Policy (CSP) Header Not Set	中	1
HTTP to HTTPS Insecure Transition in Form Post	中	1
Missing Anti-clickjacking Header	中	1
Vulnerable JS Library	中	2
アンチCSRFトークンが使用されていない	中	1
Cookie No HttpOnly Flag	低	2
Cookie without SameSite Attribute	低	2
Dangerous JS Functions	低	2
Information Disclosure - Debug Error Messages	低	1
Permissions Policy Header Not Set	低	7
Server Leaks Information via "X-Powered-By" HTTP Response Header Field(s)	低	1
Server Leaks Version Information via "Server" HTTP Response Header Field	低	11
X-Content-Type-Options Header Missing	低	11
タイムスタンプの露見 - Unix	低	3
Base64 Disclosure	Informational	2
Information Disclosure - Suspicious Comments	Informational	18
Modern Web Application	Informational	4
Storable and Cacheable Content	Informational	11
スコープが広いクッキー	Informational	1

図6.9: Burp Professionalの静的スキャン結果

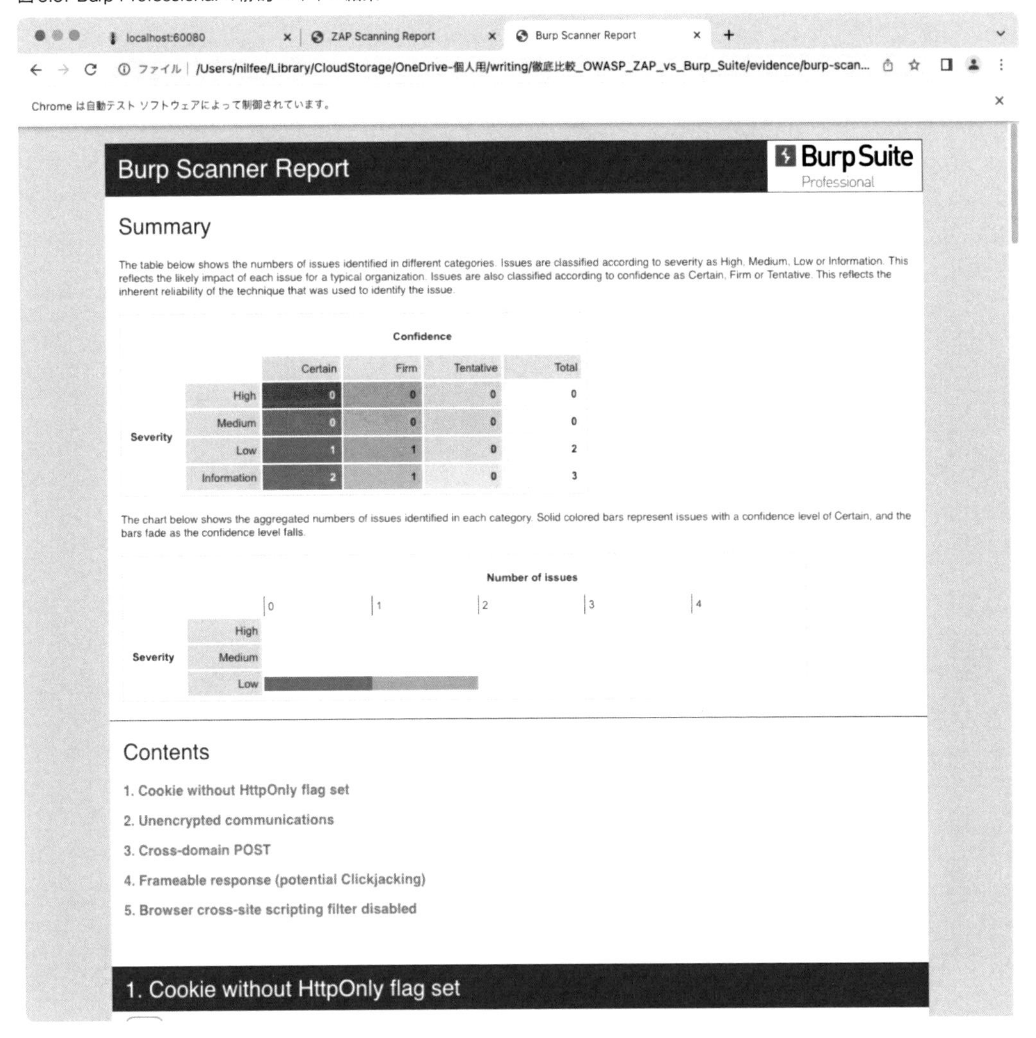

OWASP ZAPは全部で19件の脆弱性を検出しています。一方、Burp Professionalは5件だけです。

せっかく自動診断するのだから、検出する件数は多いにこしたことはない、と考える方が多いかもしれません。しかし、自動診断の場合、診断結果の精査という作業が必要です。「誤検知」や「過検知」と呼ばれる、実際は脆弱性ではないが、脆弱性があると診断ツールが誤って判断してしまうことがあるためです。

このため、診断結果が多いと、検出した脆弱性が妥当かどうかを判断する作業も多くなってしまいます。本当は脆弱性があるのにないと報告されるのも困りますが、診断作業の効率化という点からすると、低い精度で手当たり次第報告されるのもシンドイです。

そこで、条件を同じにしてOWASP ZAPとBurp Professionalとで静的スキャンを実行した結果を比較してみます。

■ 表の「脆弱性？」列の凡例

・○：正しい検出

・×：過検知・誤検知

次表はBurp Professionalの静的スキャン結果です。

脆弱性？	Severity	Burp Professionalで検出した脆弱性
○	Low	Unencrypted communications
○	Low	Cookie without HttpOnly flag set
○	Information	Browser cross-site scripting filter disabled
○	Information	Frameable response (potential Clickjacking)
○	Information	Cross-domain POST

次に、OWASP ZAPの静的スキャンを示します。

脆弱性？	リスク	OWASP ZAPで検出した脆弱性
○	Medium	Content Security Policy (CSP) Header Not Set
○	Medium	HTTP to HTTPS Insecure Transition in Form Post
○	Medium	Missing Anti-clickjacking Header
○	Medium	Vulnerable JS Library
○	Medium	アンチCSRFトークンが使用されていない
○	Low	Cookie No HttpOnly Flag
○	Low	Cookie without SameSite Attribute
×	Low	Dangerous JS Functions
×	Low	Information Disclosure - Debug Error Messages
○	Low	Permissions Policy Header Not Set
○	Low	Server Leaks Information via "X-Powered-By" HTTP Response Header Field(s)
○	Low	Server Leaks Version Information via "Server" HTTP Response Header Field
○	Low	X-Content-Type-Options Header Missing
×	Low	タイムスタンプの露見 - Unix
×	Information	Base64 Disclosure
×	Information	Information Disclosure - Suspicious Comments
×	Information	Modern Web Application
○	Information	Storable and Cacheable Content
○	Information	スコープが広いクッキー

6.2.3 静的スキャン結果の比較

OWASP ZAPは19件の脆弱性が報告されていますが、過検知が複数存在しています。上表の「脆弱性？」列に「×」を記載しているのが過検知です。

たとえば、「Base64 Disclosure」という脆弱性について精査します。全部で2件報告されているうちの1件のエビデンスを下図に示します。

図6.10: 「Base64 Disclosure」のエビデンス

```
<!DOCTYPE HTML PUBLIC "-//W3C//DTD HTML 4.01 Transitional//EN" "http://www.w3.org/TR/199
9/REC-html401-19991224/loose.dtd">
<html>
<head>
     <link rel="shortcut icon" href="./images/favicon.ico" type="image/x-icon" />
     <link rel="stylesheet" type="text/css" href="./styles/global-styles.css" />
     <link rel="stylesheet" type="text/css" href=
"./styles/ddsmoothmenu/ddsmoothmenu.css" />
     <link rel="stylesheet" type="text/css" href=
"./styles/ddsmoothmenu/ddsmoothmenu-v.css" />
```

レスポンスボディに存在する「org/TR/1999/REC-html401-19991224/loose」という文字列が、Base64でエンコードされたものだと報告しています。Base64についてご存じの方なら一目瞭然ですが、これをBase64でエンコードされた文字列だと見なすのは無理があります。

一方、Burp Professionalはわずか5件しか検出していませんが、すべて適切な検出です。過検知は一切ありません。

ひとつのWebアプリケーションに対して一度だけ静的スキャンを実施した結果であるため、これをもってそれぞれのツールの傾向を述べるのは正直難しいです。あえて傾向を探るとしたら、OWASP ZAPはとにかく少しでも疑わしい状況を見つけたら脆弱性として報告し、Burp Professionalは、確実に脆弱性である、あるいは対策が必要である、と判断したものだけを厳選して報告する、という印象があります。

6.2.4 静的スキャンの精度を調整

なお、OWASP ZAPは「ツール」>「オプション」>「静的スキャンルール」で表示される画面で静的スキャンの精度（しきい値）を個別に変更できます。

図6.11: 静的スキャンルール

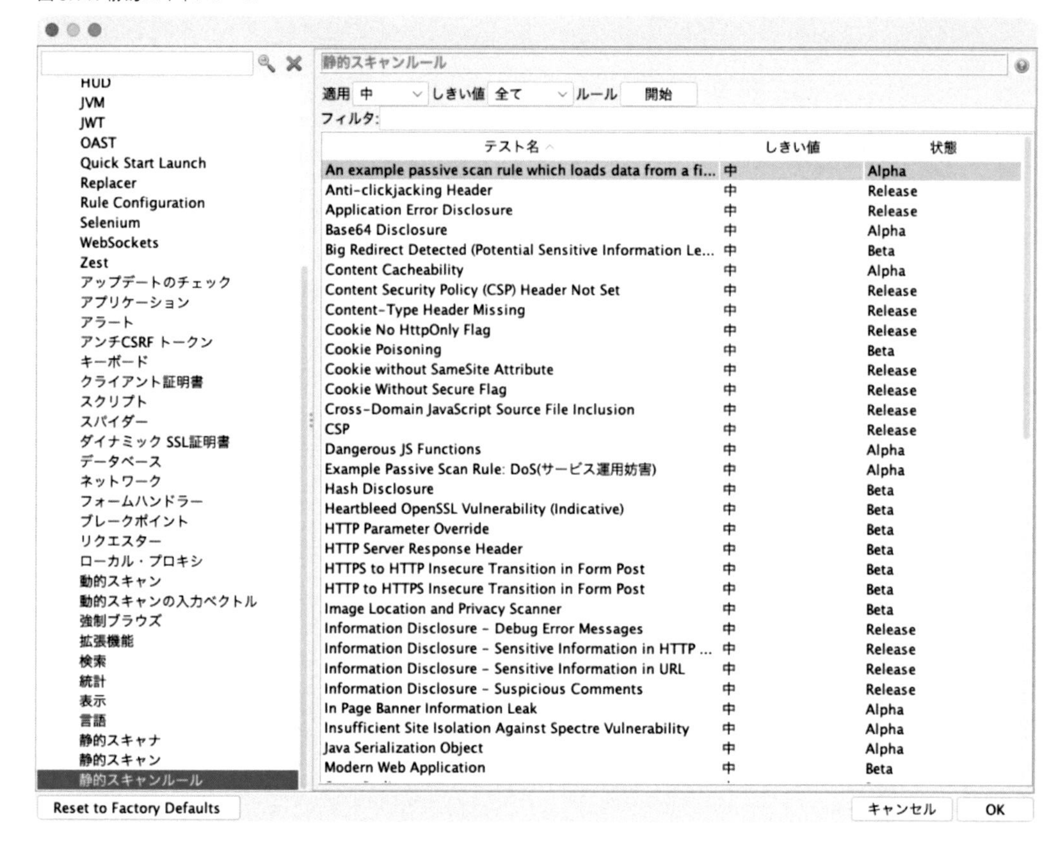

しきい値とは、簡単にいうと、過検知の許容範囲を決める値です。しきい値を低くすると過検知が多くなり、しきい値を高くすると過検知が少なくなります。しきい値を高くすると、本当は脆弱性がある場合でも見逃してしまう危険性が高くなります。

試しにしきい値をデフォルトの「中」から「高」に変更してから改めて診断対象アプリにアクセスしてみると、19件だった脆弱性の報告が15件に減りました。

図6.12: しきい値を「高」にして静的スキャンした結果

アラート (15)
- Content Security Policy (CSP) Header Not Set
- HTTP to HTTPS Insecure Transition in Form Post
- Missing Anti-clickjacking Header
- Cookie No HttpOnly Flag (2)
- Cookie without SameSite Attribute (2)
- Information Disclosure - Debug Error Messages
- Permissions Policy Header Not Set
- Server Leaks Information via "X-Powered-By" HTTP Res
- Server Leaks Version Information via "Server" HTTP Res
- X-Content-Type-Options Header Missing (3)
- Base64 Disclosure
- Information Disclosure - Suspicious Comments (2)
- Modern Web Application
- Storable and Cacheable Content (3)
- スコープが広いクッキー

しきい値を高くすると検出件数が減るために精査する作業も減りますが、もしかして脆弱性を見逃してしまったのでは、という不安は増えてしまいます。どうせ精度がそれほどよくないのであれば、脆弱性の可能性が少しでもあるなら片っ端から報告を上げてもらったほうが、作業量は増えますが精神的には楽かもしれません。

以上より、しきい値を低くすることを本書は推奨します。

Burp Professionalも、新規スキャンを定義する際に、「New scanning configuration」＞「Audit Optimization」＞「Audit accuracy」のプルダウンリストで「Minimize false negatives」を選択することで、極力「未検知」を防ぐモードによるスキャンを実行できます。

図6.13: New scanning configuration

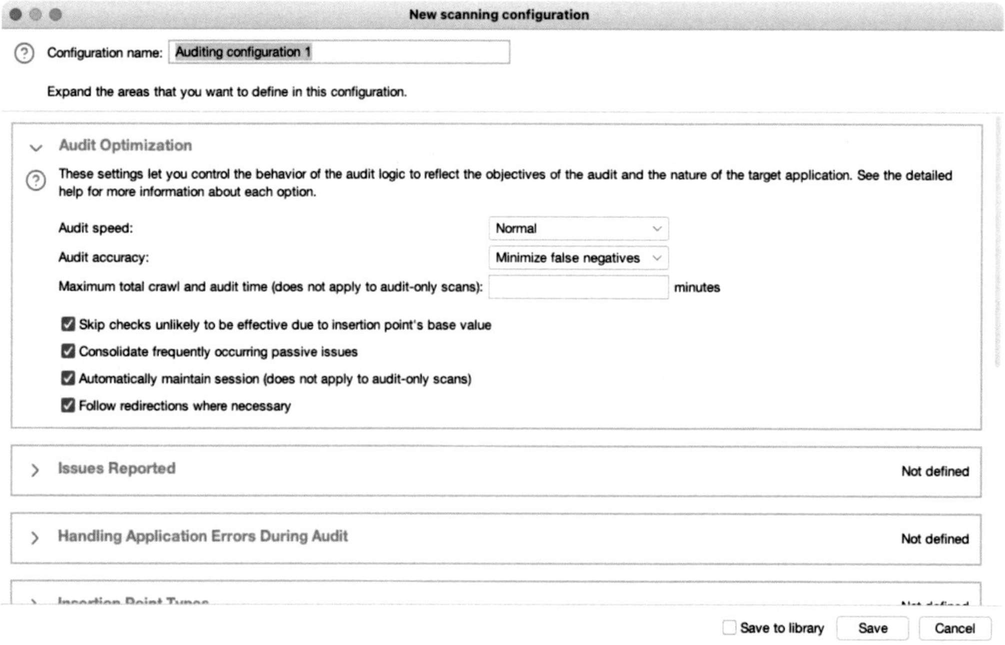

ただし、今回のWebアプリケーションの場合、上記の設定にして再スキャンしても、静的スキャンの結果は5件のままで変化なしでした。もしかしたら、この「Audit accuracy」設定は、静的スキャンには適用されないかもしれません。

6.2.5 動的スキャン

いよいよ、自動診断ツールの花形である動的スキャン（Active Scan）の説明に入ります。

静的スキャンは「Mutillidae II」に対して実施しましたが、動的スキャンは「DVWA(Damn Vulnerable Web Application)」という脆弱性診断演習用のWebアプリケーションに対して実施してみます。

図6.14: DVWA

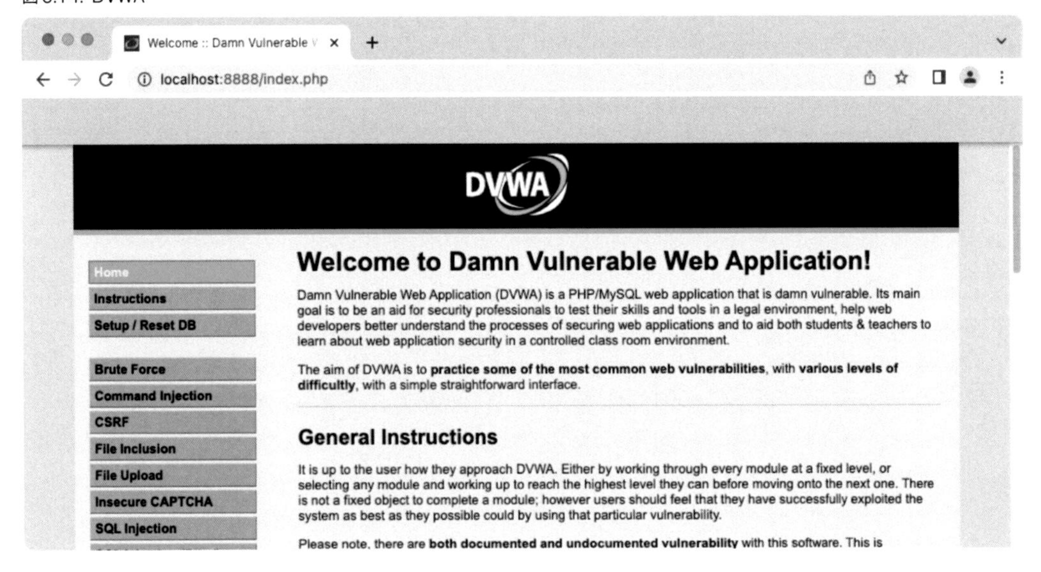

診断対象画面は次図の画面です。

図6.15: DVWA

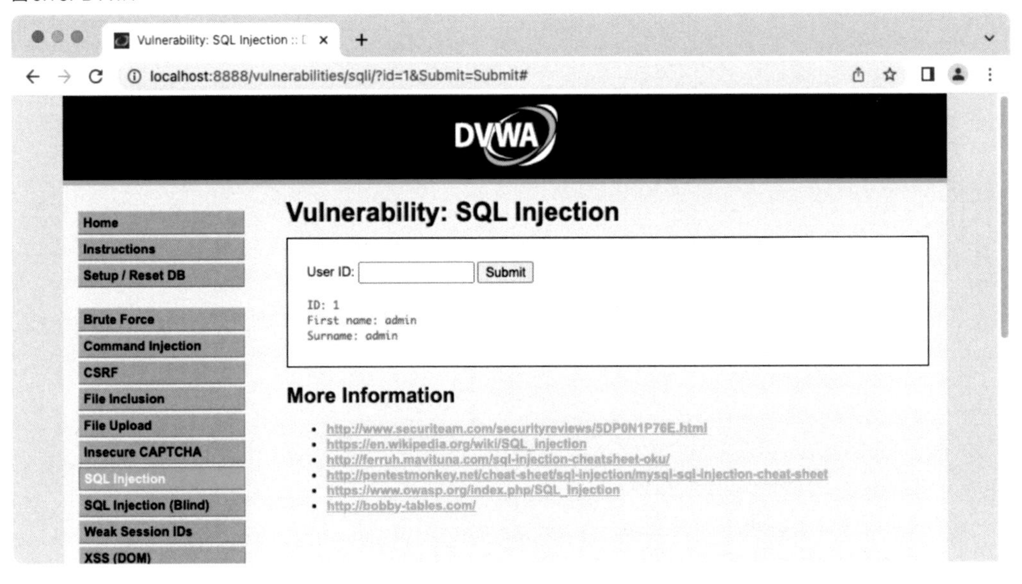

テキストボックス「User ID」に数値を入力して「Submit」ボタンを押下すると、入力したIDに紐付くユーザの情報が表示されます。

このフォームにSQLインジェクション脆弱性が存在しています。

次の文字列をテキストボックスに入力して「Submit」ボタンを押下すると、DVWAに登録されているすべてのユーザの情報が画面に表示されます。

```
1'or'a'='a
```

図6.16: SQLインジェクション攻撃が成功

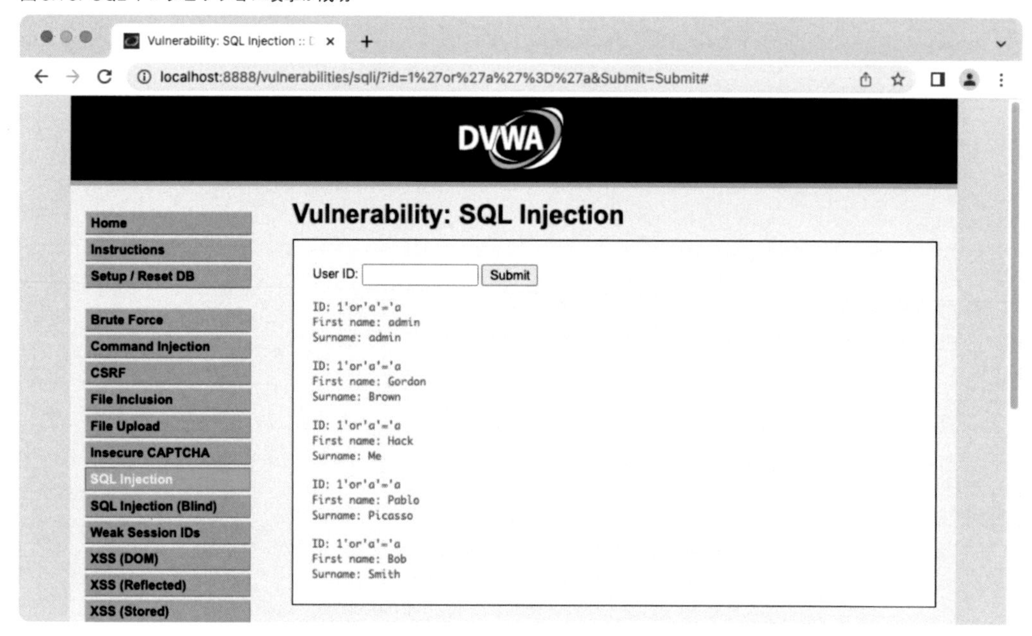

このSQLインジェクションを動的スキャンで検出できるか試してみます。

6.2.6　自動診断実施の条件

DVWAに存在する脆弱性を検証するには、ログイン画面からログインする必要があります。

さらに、ログイン用フォームには、ログイン画面にアクセスするたびに新たに発行されるクロスサイト・リクエストフォージェリ（CSRF）対策用トークンが設定されています。診断ツールで何の工夫もなく機械的にログイン処理を送信しようとしてもうまくいきません。トークンの整合性がとれずにエラーとなって、正常にログインできないためです。

このため、自動診断ツールを実行するにはCSRF対策トークンを適切に処理しなければなりません。

実際の自動診断フローは以下のようになります。

1. DVWAのログイン画面にアクセス
2. ログイン画面アクセス時のレスポンスに含まれるCSRF対策用トークンを記録
3. 正しいusernameとpasswordおよびトークンをWebアプリケーションに送信
4. ログイン成功

5．ログインしている状態でSQLインジェクションが存在するフォームのパラメーターに対して自動診断を実施

6.2.7 OWASP ZAPで動的スキャン

OWASP ZAPでは、「Zest」というスクリプトを使用して自動ログインやトークンの引き継ぎ処理を自動化します。

具体的なOWASP ZAPによる自動診断の流れは以下のとおりです。

1．ログイン処理と診断対象処理をOWASP ZAPに登録
2．Zestスクリプトのベースを作成
3．スクリプトにログイン処理を登録
4．ログイン画面のトークンをスクリプトの変数に追加
5．ログイン処理時に送信するトークンに変数を設定
6．スクリプトに診断対象URLを追加
7．Zestアクション「Scan」を追加
8．自動診断用のスキャンポリシーを作成
9．オプション＞動的スキャンでデフォルトのスキャンポリシーを作成したポリシーに設定
１０．Zestスクリプト実行
１１．動的スキャンの結果を確認

■ 1. ログイン処理と診断対象処理をOWASP ZAPに登録

診断対象Webアプリケーションに OWASP ZAP経由でアクセスして次の4つのリクエストを登録します。

ログイン処理

・GET http://localhost:8888/login.php
・POST http://localhost:8888/login.php
・GET http://localhost:8888/index.php

診断対象処理

・GET http://localhost:8888/vulnerabilities/sqli/?id=1&Submit=Submit

図6.17: 履歴でログイン処理と診断対象を確認

メソッド	URL
GET	http://localhost:8888/
GET	http://localhost:8888/login.php
GET	http://localhost:8888/dvwa/css/login.css
POST	http://localhost:8888/login.php
GET	http://localhost:8888/index.php
GET	http://localhost:8888/dvwa/css/main.css
GET	http://localhost:8888/dvwa/js/dvwaPage.js
GET	http://localhost:8888/dvwa/js/add_event_listeners.js
GET	http://localhost:8888/vulnerabilities/sqli/
GET	http://localhost:8888/vulnerabilities/sqli/?id=1&Submit=Submit

■ 2. Zestスクリプトのベースを作成

OWASP ZAPの「サイト」タブの隣に「スクリプト」タブが表示されていない場合は、「表示」メニューの「表示タブ」から「スクリプト」を選択してスクリプトタブを表示します。

図6.18: 「スクリプト」タブを表示

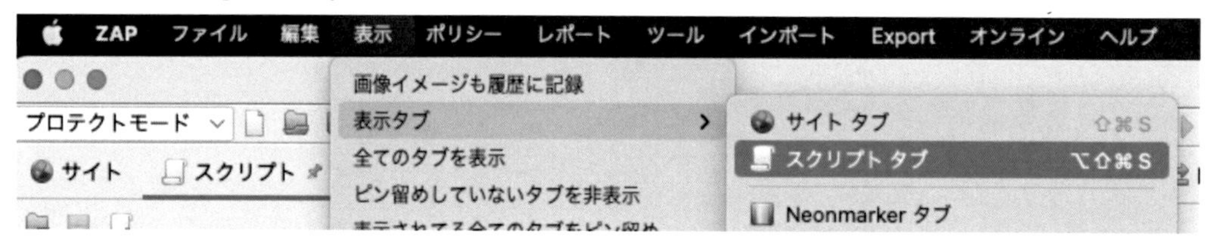

スクリプトタブ内で「Scripting」>「スクリプト」>「Stand Alone」と辿り、「Stand Alone」で右クリックして「新規スクリプト...」を選択します。

表示された「新規スクリプト」ダイアログに次の値を設定して、「保存」ボタンを押下します。Script名は任意の名前を設定できます。

項目	値
Script名	scan_with_token
タイプ	Stand Alone
Script Engine	Zest : Mozilla Zest
テンプレート	Standalone default template.zst
説明	（任意の説明）
開始時にロード	チェックを入れる

図6.19: 「新規スクリプト」ダイアログ

新規スクリプト

Script 名: scan_with_token

タイプ: Stand Alone

Script engine: Zest : Mozilla Zest

テンプレート: Standalone default template.zst

説明

開始時にロード

有効:

保存 キャンセル

「新規スクリプト」ダイアログの「保存」ボタンを押下すると「Zest Scriptを編集」というダイアログが表示されますが、ここでは特に作業がないので、何もせずに「保存」ボタンを押下してダイアログを閉じます。

■ 3. スクリプトにログイン処理を登録

履歴でログイン処理のURLを右クリックして「Zest Scriptに追加」>「scan_with_token（2で設定したスクリプト名）」をクリックすると、スクリプトにログイン処理が登録されます。

登録するのは次の3つです。

- GET http://localhost:8888/login.php
- POST http://localhost:8888/login.php
- GET http://localhost:8888/index.php

図6.20: 作成したスクリプトにログイン処理を登録

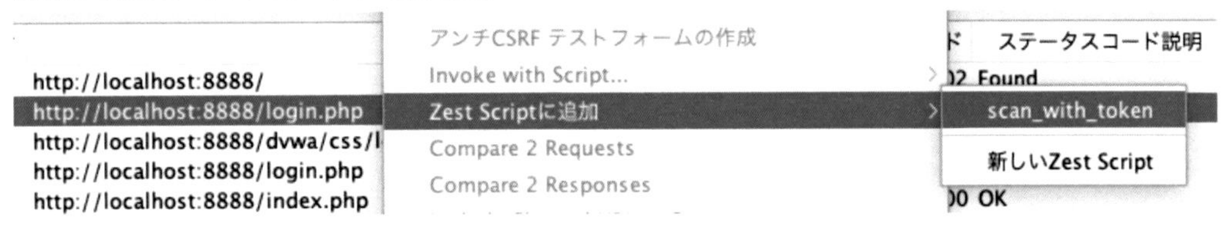

ログイン処理を登録したところで、スクリプトを実行してみます。

OWASP ZAP上に「スクリプト コンソール」タブが表示されていない場合は、メニューの「表示」>「表示タブ」から「スクリプト コンソール タブ」を選択します。

スクリプトコンソールの上方にある「▶実行」ボタンを押下すると、スクリプトを実行できます。実行すると、「Zest結果」タブが開いて実行結果が表示されます。

図6.21: Zest結果

履歴　検索　アラート　アウトプット　動的スキャン　Zest結果

クリア

Id	メソッド	URL	ステータスコード	ステータスコ...	ラウンドトリッ...	レスポンスボ...
144	GET	http://localhost:8888/login.php	200	OK	14 ms	1,523 bytes
146	POST	http://localhost:8888/login.php	302	Found	8 ms	0 bytes
148	GET	http://localhost:8888/index.php	200	OK	7 ms	6,808 bytes

■ 4. ログイン画面のトークンをスクリプトの変数に追加

ログイン画面に設定されているトークン「user_token」をスクリプトで扱えるように変数に設定します。

OWASP ZAPの設定によっては、すでに「csrf1」という名前で変数が登録されているかもしれません。登録済みの場合は、この項目を読み飛ばしてください。

作成したスクリプトに登録されているURLのうち、最初のURL「GET : http://localhost:8888/login.php」を右クリックし、「Add Zest Assignment」>「Assign variable to a form field」を押下します。

図6.22: Assign variable to a form field

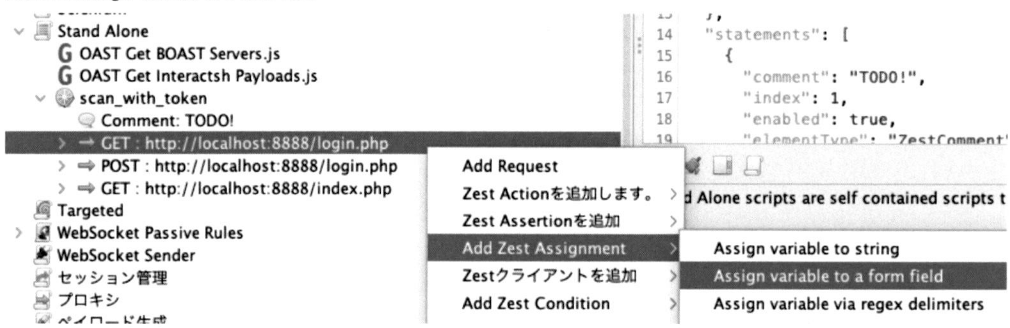

「アサインの追加」ダイアログが表示されるので、次の値を設定して「保存」ボタンを押下します。変数名は任意の値を設定可能です。

項目	値
変数名	csrf1
Replacement Form	0
Replacement Field	user_token

■ 5. ログイン処理時のトークンに変数を設定

スクリプトへ2番目に登録した「POST : http://localhost:8888/login.php」をダブルクリックすると、「Zest Request」ダイアログが表示されます。

ダイアログの「Body」ペインに表示されている「user_token=」の後ろの値を {{csrf1}} に変更します。

OWASP ZAPの設定により、ダイアログ表示時点で「{{csrf1}}」が設定されている場合があります。

図6.23: Zest Request

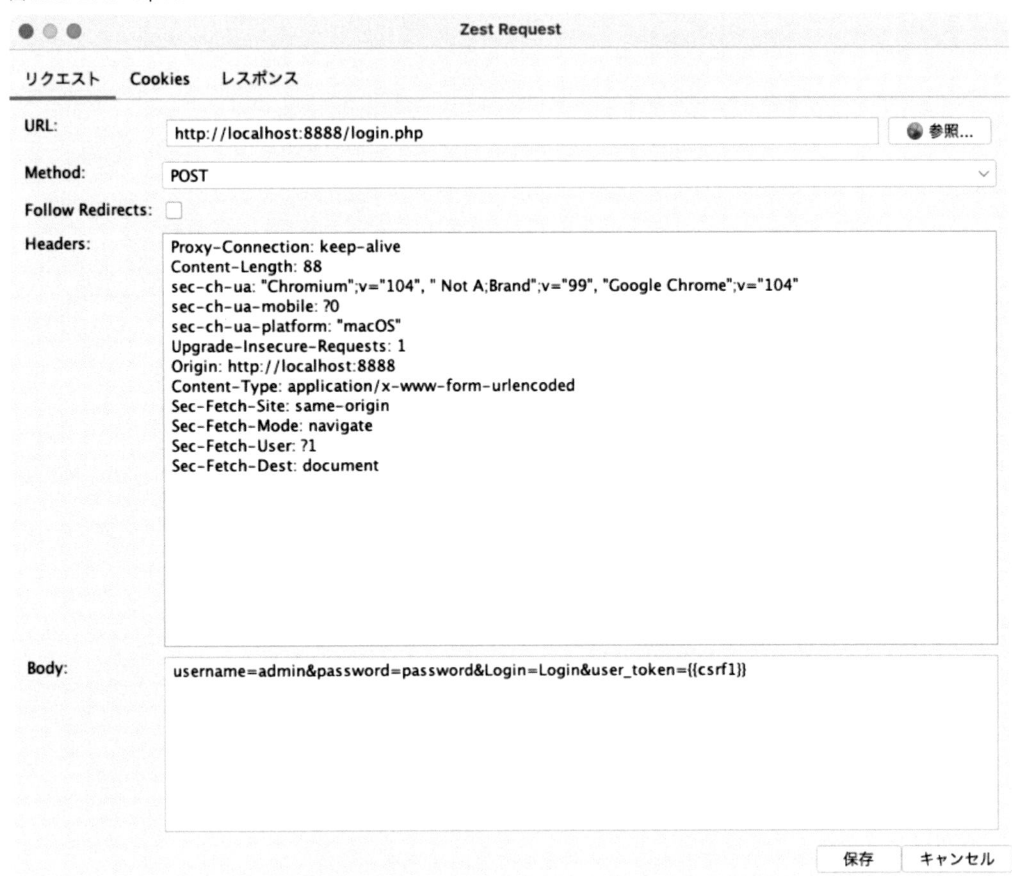

■ 6. スクリプトに診断対象URLを追加

ログイン処理の登録と同様に、履歴で診断対象URLを右クリックしてスクリプトに登録します。

図6.24: 診断対象をスクリプトに登録

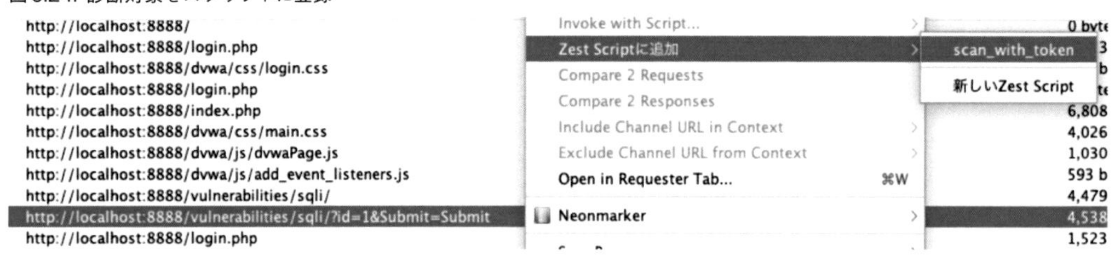

■ 7. スクリプトに動的スキャンを登録

スクリプトに登録した診断対象URLを右クリックして、「Zest Actionを追加します」>「Action - Scan」を選択します。

「Zest Actionを追加します」ダイアログが表示されるので、「Target Parameter」で「id」を選択して「保存」ボタンを押下します。

図6.25: Zest Actionを追加します

なお、スクリプト作成で参考にさせていただいたブログで言及されていますが、ここで「id」を選択しても、「id」以外のパラメーター「Submit」に対しても動的スキャンが実施されてしまいます。

■ 8. 自動診断用のスキャンポリシーを作成

このままスクリプトを実行すると動的スキャンが実施されますが、スキャン時にOWASP ZAPが使用するスキャンポリシーが「Default Scan」となってしまいます。

意図して「Default Scan」を使用するのであればいいのですが、自分でカスタマイズしたスキャンポリシーを使用したい場合は、次の作業が必要です。

・自前のスキャンポリシーを作成
・オプションの「動的スキャン」の「Default Active Scan Policy」で自前のスキャンポリシーを選択

自前のスキャンポリシーは、メニュー「ポリシー」＞「スキャンポリシー」から作成します。

上記メニューを選択して「スキャンポリシー管理」ダイアログが表示されたら、右上の「追加」ボタンを押下します。

「スキャンポリシー」ダイアログが表示されたら、次図のように設定して「OK」ボタンを押下してダイアログを閉じ、残っている「スキャンポリシー管理」ダイアログも「閉じる」ボタンで閉じます。

ポリシー名は任意の名前を設定可能です。

図6.26: スキャンポリシー

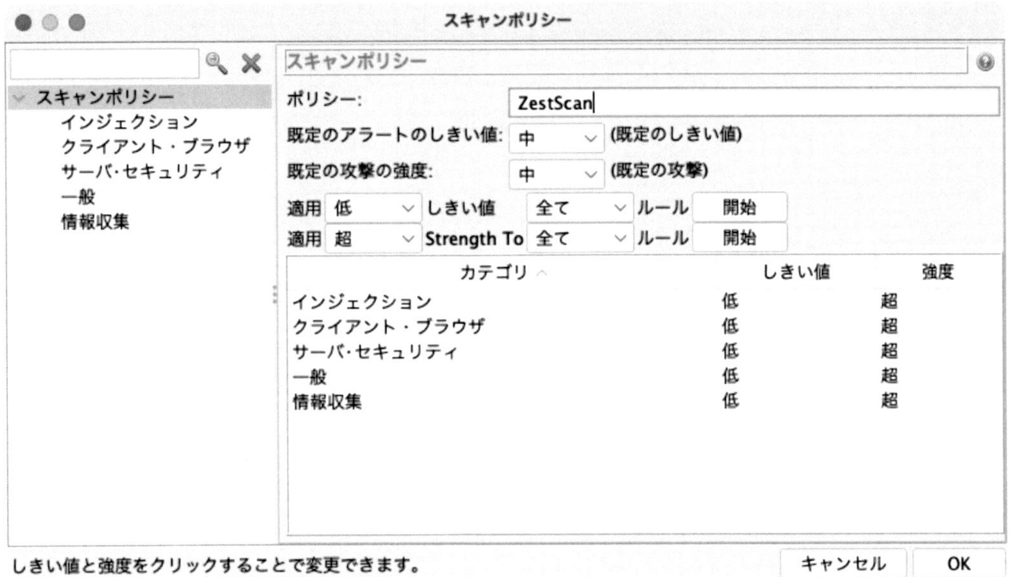

■ 9. 作成したスキャンポリシーをデフォルトに設定

OWASP ZAPがデフォルトで使用するスキャンポリシーを、作成したスキャンポリシーに変更します。

メニューの「ツール」＞「オプション」から「動的スキャン」を選択します。

選択したら、下の方にある「Default Active Scan Policy」プルダウンリストで作成したスキャンポリシーを選択し、「OK」ボタンを押下してダイアログを閉じます。

図6.27: デフォルトのスキャンポリシーを設定

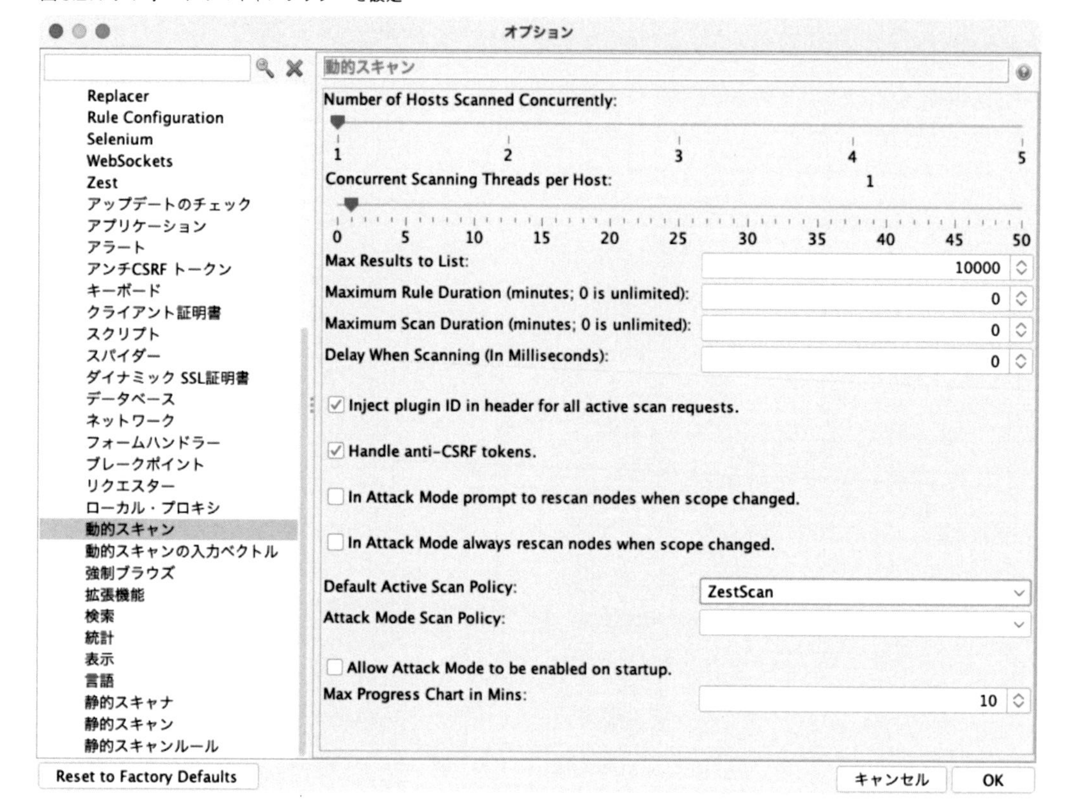

■ 10. スクリプト実行

すべてのスクリプト作成作業が完了したので、スクリプトによる動的スキャンを実行します。

「スクリプト」ツリーで作成したスクリプトを選択します。「スクリプト コンソール」タブを開いて「▶実行」ボタンを押下するとスクリプトを実行できます。

図6.28: 作成したスクリプトを実行

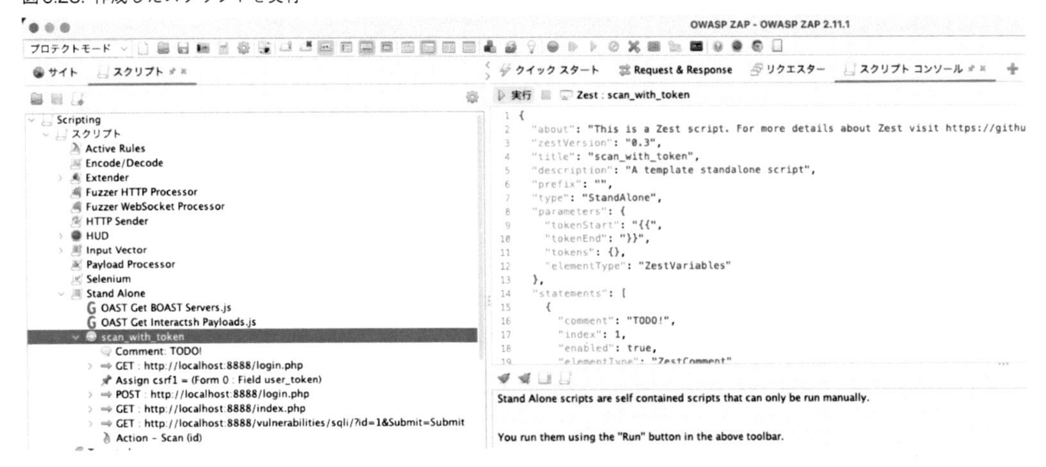

実行中の様子は「Zest結果」タブで確認できます。

図6.29: Zest結果

Id	メソッド	URL	ステータスコード	ステータスコード説明	ラウンドトリップタイム	レスポンスボディサイズ
2,447	GET	http://localhost:8888/vulnerabilities/sqli/?id=1&Submit=%23%7B%25x%28slee...	200	OK	7 ms	4,538 bytes
2,448	GET	http://localhost:8888/vulnerabilities/sqli/?id=1&Submit=%7Bsystem%28%22cu...	200	OK	7 ms	4,538 bytes
2,449	GET	http://localhost:8888/vulnerabilities/sqli/?id=1&Submit=%7Bsystem%28%22w...	200	OK	7 ms	4,538 bytes
2,450	GET	http://localhost:8888/vulnerabilities/sqli/?id=1&Submit=%7Bsystem%28%22sl...	200	OK	8 ms	4,538 bytes
2,451	GET	http://localhost:8888/vulnerabilities/sqli/?id=1&Submit=Submit	200	OK	5 ms	4,538 bytes
2,452	GET	http://localhost:8888/vulnerabilities/sqli/?id=1&Submit=Submit	200	OK	8 ms	4,538 bytes
2,453	GET	http://localhost:8888/vulnerabilities/sqli//test?id=1&Submit=Submit	404	Not Found	4 ms	301 bytes
2,454	GET	http://localhost:8888/vulnerabilities/sqli/?id=1&Submit=Submit	200	OK	7 ms	4,538 bytes
2,455	GET	http://localhost:8888/vulnerabilities/sqli/?id=1&Submit=Submit	200	OK	6 ms	4,538 bytes
2,456	GET	http://localhost:8888/vulnerabilities/sqli/?id=1&Submit=Submit	200	OK	9 ms	4,538 bytes
2,457	GET	http://localhost:8888/vulnerabilities/sqli/?id=1&Submit=Submit	200	OK	5 ms	4,538 bytes
2,458	GET	http://localhost:8888/vulnerabilities/sqli/?id=1&Submit=Submit	200	OK	5 ms	4,538 bytes
2,459	GET	http://localhost:8888/vulnerabilities/sqli/?id=1&Submit=Submit	200	OK	7 ms	4,538 bytes
2,460	GET	http://localhost:8888/vulnerabilities/sqli/?id=1&Submit=Submit	200	OK	6 ms	4,538 bytes
2,461	GET	http://localhost:8888/vulnerabilities/sqli/actuator/health	404	Not Found	4 ms	311 bytes
2,462	GET	http://localhost:8888/vulnerabilities/sqli/actuator/health	404	Not Found	4 ms	311 bytes

アラート 3 6 6 15 Primary Proxy: localhost:57777　現在のスキャン 0 0

■ 11. 動的スキャンの結果を確認

スクリプトによる動的スキャンの結果は、通常のスキャン同様、「アラート」タブで確認できます。

図6.30: 「アラート」タブで結果確認

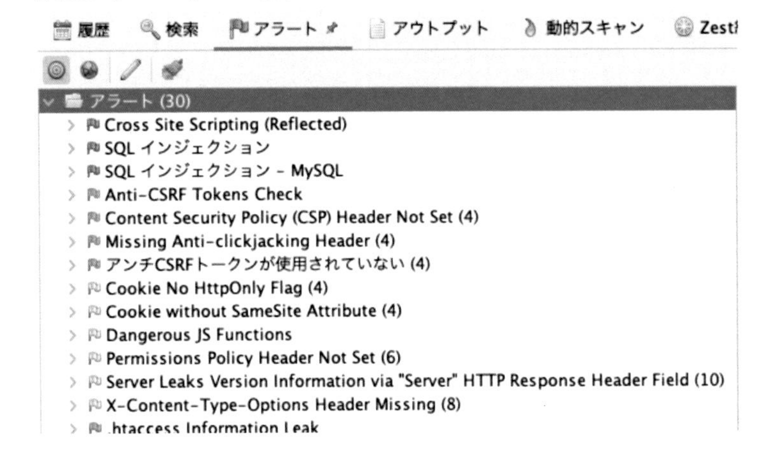

動的スキャンによって検出した脆弱性を列挙します（過検知の脆弱性を除く）。

リスク	脆弱性
High	Cross Site Scripting (Reflected)
High	SQL インジェクション
High	SQL インジェクション - MySQL

診断対象画面に存在している脆弱性は、すべて検出できています。

6.2.8　Zestスクリプトについて

本書で作成したZestスクリプトは、次のサイトを参考にして作成しました。

WEB系情報セキュリティ学習メモ

https://securitymemo.blogspot.com/

- https://securitymemo.blogspot.com/2016/07/owasp-zap-part7.html
- https://securitymemo.blogspot.com/2016/07/owasp-zap-part8.html
- https://securitymemo.blogspot.com/2016/07/owasp-zap-part9.html

Zestについて非常に丁寧に解説されているので、ほとんど頭を使わずにスクリプトを実装できました。ありがとうございます！

6.2.9　Burp Professionalで動的スキャン

Burp Professionalでは、動的スキャンのことを「Scan」と呼んでいます。
また、自動ログインやトークンの引き継ぎ処理は「Session Handling Rules」で設定します。
具体的なBurp Professionalによる自動診断の流れは、以下のとおりです。

1. ログイン処理と診断対象処理をBurp Professionalに登録
2. Scan前の準備
3. Session Handling Ruleを作成
4. ログイン画面のトークンをログイン処理に引き継ぐマクロを作成
5. 診断対象URLをIntruderに送る
6. Scan configurationを作成
7. 動的スキャン実施
8. 診断結果確認

■ 1. ログイン処理と診断対象処理をBurp Professionalに登録

診断対象Webアプリケーションに Burp Professional経由でアクセスして、次の4つのリクエストを登録します。

ログイン処理

- GET http://localhost:8888/login.php
- POST http://localhost:8888/login.php
- GET http://localhost:8888/index.php

診断対象処理

- GET http://localhost:8888/vulnerabilities/sqli/?id=1&Submit=Submit

図6.31: 診断対象をBurp Professional登録

Burp Suite Professiona

Dashboard Target Proxy Intruder Repeater Sequencer Decoder Comparer Logger E

Intercept HTTP history WebSockets history Options

Filter: Hiding out of scope items; hiding CSS and image content

#	Host	Method	URL	Params	Edited	Status
1	http://localhost:8888	GET	/login.php			200
2	http://localhost:8888	POST	/login.php	✓		302
3	http://localhost:8888	GET	/index.php			200
5	http://localhost:8888	GET	/vulnerabilities/sqli/			200
6	http://localhost:8888	GET	/vulnerabilities/sqli/?id=1&Submit=Su...	✓		200

■ 2. Scan前の準備

Scan実施前にScanの設定をいくつか作成および変更します。

「Dashboard」タブにある歯車アイコンを押下して「Task execution settings」ダイアログを開きます。

ダイアログにある「Task auto-start」で「Create new tasks paused」を選択します。これを選択することで、Scan設定完了直後にScanが実行されるのを防ぎます。

図6.32: Task auto-start を「paused」に設定

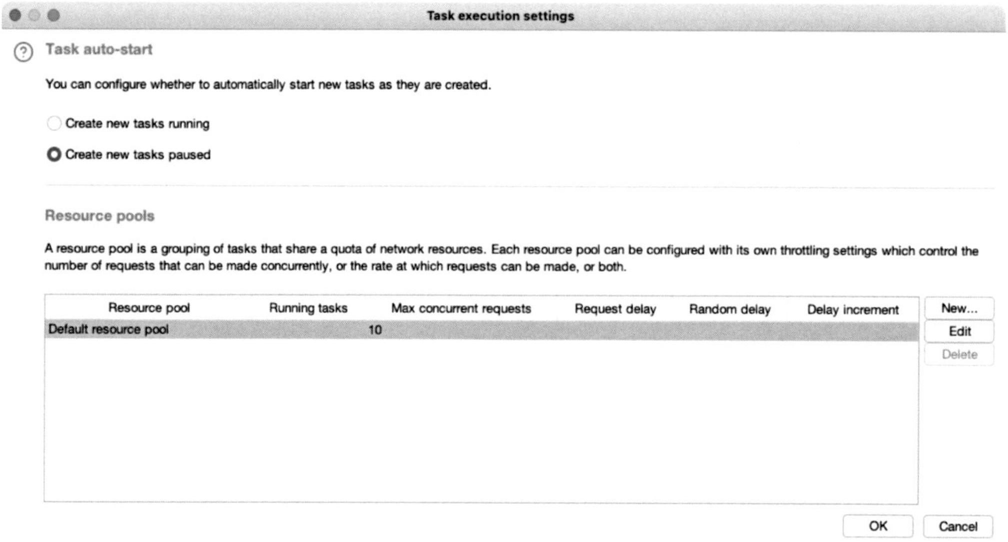

次に、ダイアログの右側にある「New...」ボタンを押下して「New resource pool」ダイアログを開きます。このダイアログで、Scan実行時のリクエストの頻度を設定します。

以下のとおりに設定して、「OK」ボタンを押下して設定を保存します。

項目	値
Name	任意の名前（ここではactive scan）
Maximum concurrent requests	1
Delay between requests	500
Delay between requests	Fixed

図6.33: Scanのリクエスト頻度を設定

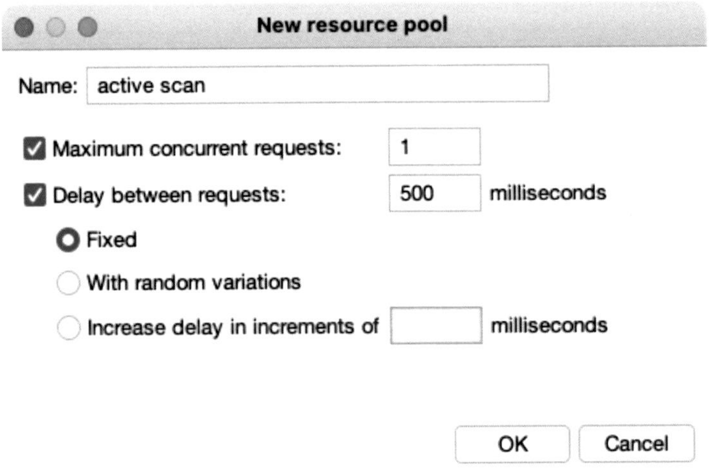

リクエスト頻度を保存したら「Task execution settings」ダイアログを「OK」ボタンを押下して閉じます。

■ 3. Session Handling Ruleを作成

自動的にログイン処理およびCSRF対策用トークンの引き継ぎを実行するために、「Session Handling Rule」を作成します。

メニューの「Project options」から「Session」タブを開き、「Session Handling Rules」の「Add」ボタンを押下すると「Session handling rule editor」ダイアログが開きます。

ダイアログの「Detail」タブにある「Rule Description」に、Session Handling Ruleの名前を設定します。今回は「scan_with_token」とします。

図6.34: Session Handling Ruleの名前を設定

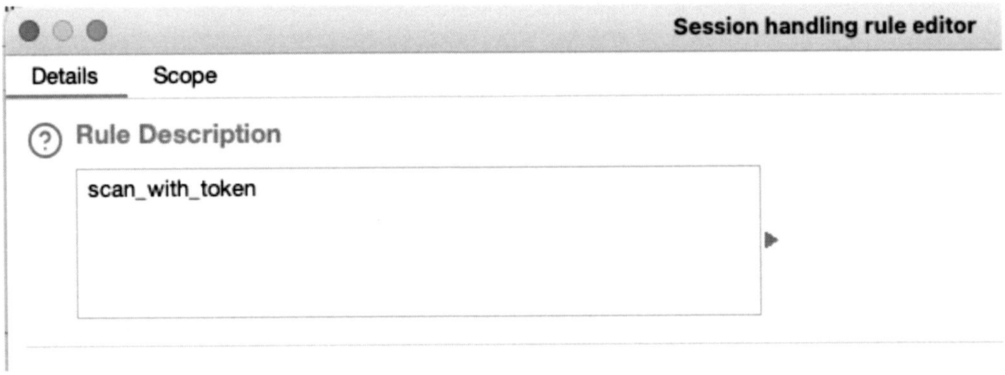

次に、同じダイアログの「Scope」タブを開き、「URL Scope」の「Use custom scope」を選択し

ます。

選択したら「Include in scope」の「Add」ボタンを押下し、表示されたダイアログに診断対象URLを入力します。

図6.35: 診断対象URLを登録

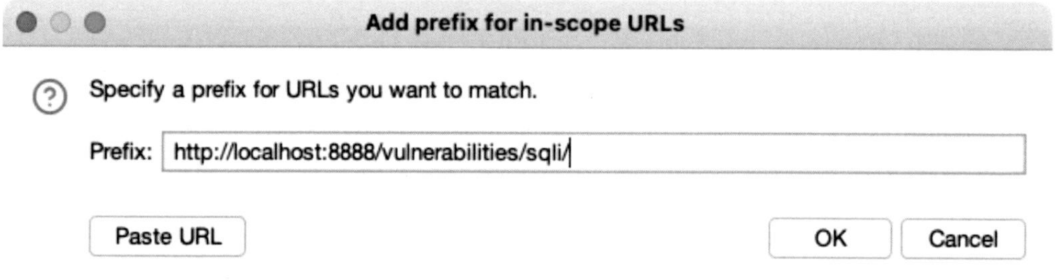

ちなみに、診断対象URLをコピーして上記ダイアログにある「Paste URL」ボタンをクリックすると、クエリ文字列を除いた「http://localhost:8888/vulnerabilities/sqli/」が自動的に登録されます。

■ 4. ログイン画面のトークンをログイン処理に引き継ぐマクロを作成

「Session handling rule editor」ダイアログのScopeタブでの作業が終わったら、「Details」タブに戻り、「Rule Actions」で「Add」ボタンを押下して「Run a macro」を押下します。

図6.36: Run a macroをクリック

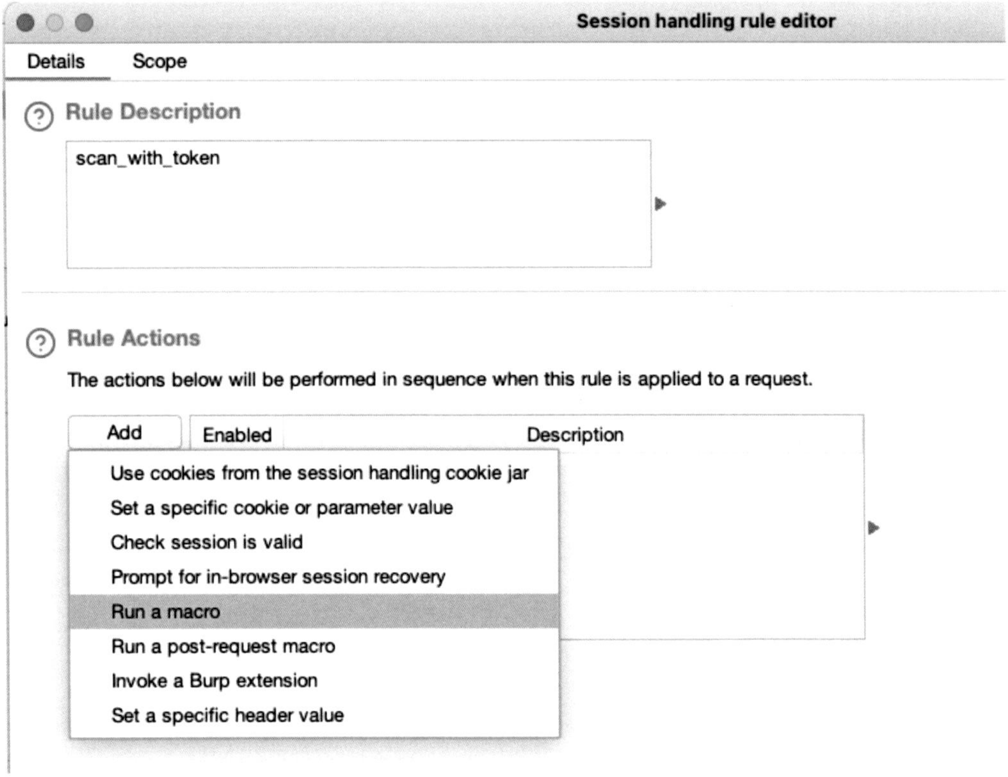

「Session handling action editor - scan_with_token」ダイアログの「Select macro」にある「Add」ボタンをクリックします。

「Macro Recorder」ダイアログが開くので、次の3つのURLを選択して「OK」ボタンを押下します。

- GET http://localhost:8888/login.php
- POST http://localhost:8888/login.php
- GET http://localhost:8888/index.php

図 6.37: ログイン処理を macro に登録

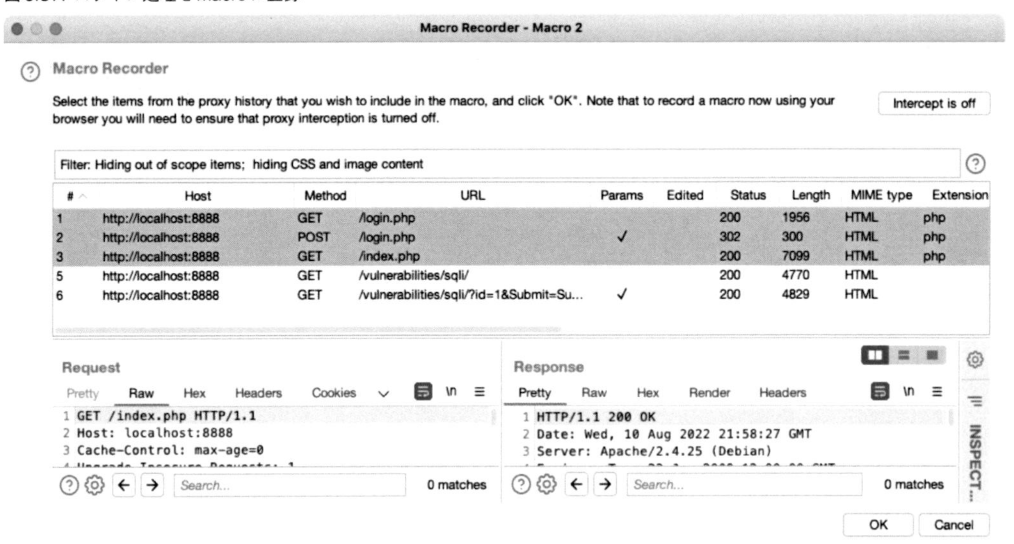

「Macro Editor」ダイアログに戻るので、「Macro description」にマクロの名前を設定します。ここでは「login」としました。

名前を設定したら、ダイアログ右下にある「Test macro」ボタンを押下してマクロの動作を確認します。

「Macro Tester」ダイアログが立ち上がりマクロが実行されます。

次図のように、最後のリクエスト「GET http://localhost:8888/index.php」のレスポンスがログイン後の画面になっていれば、マクロが正しく動作しています。

図6.38: Macro Testerでマクロの動作を確認

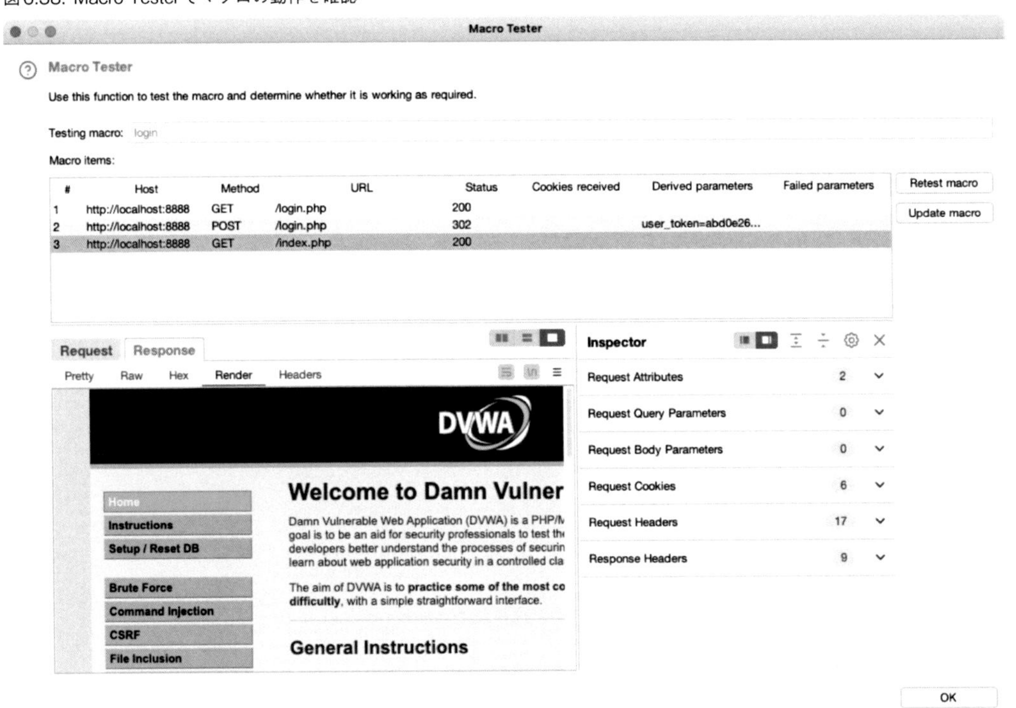

OWASP ZAPのようにトークンの引き継ぎを設定しなくても正常にログインできるのは、Burp Professionalがマクロに登録されたリクエストとそのレスポンスを解析して、自動的にトークンの引き継ぎ設定を登録しているからです。

トークンの引き継ぎ設定を確認するには、「Macro Editor」で2番目のURL「POST http://localhost:8888/login.php」を選択して、右側にある「Configure item」ボタンを押下します。

図6.39: トークンの引き継ぎ設定を確認

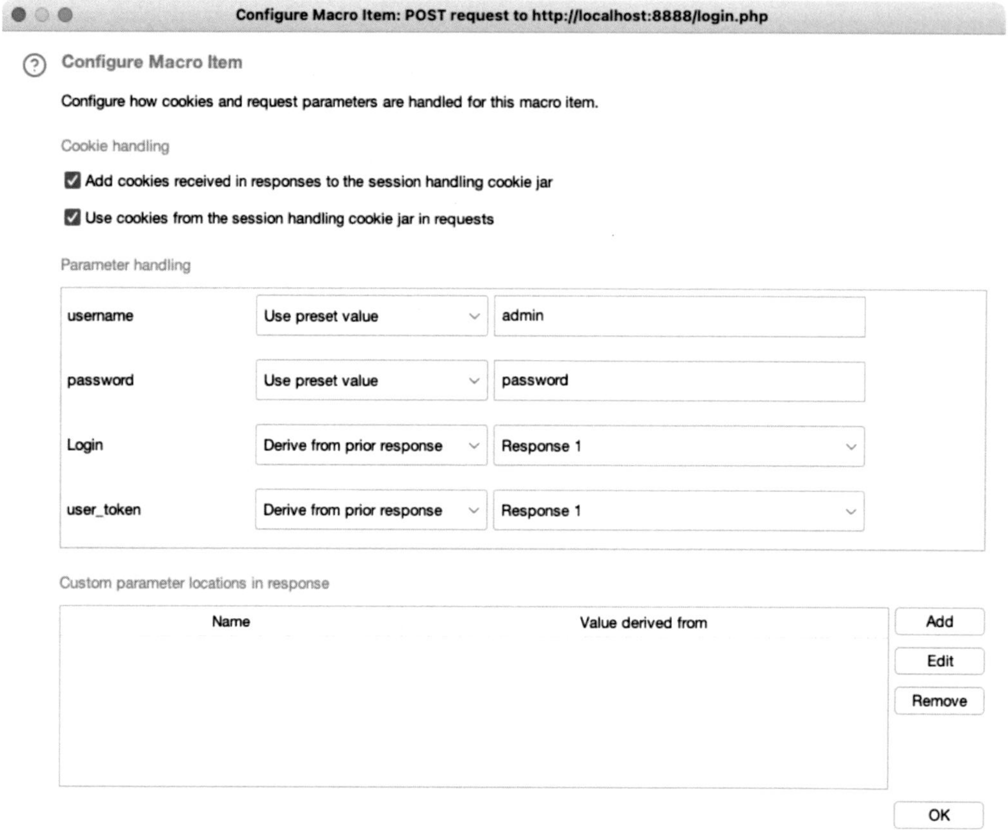

この図で「user_token」のふたつのプルダウンリストが、それぞれ「Derive from prior response」および「Response 1」となっていますが、これは、「直前（1番目）のレスポンスからuser_tokenの値を取得および設定する」という意味です。

ここまでの作業が完了したら、開いていたダイアログをすべて閉じます。

■ 5. 診断対象のURLおよびパラメーターをScanに登録

「Proxy」タブの「HTTP History」タブに戻り、次の診断対象URLを右クリックして「Send to Intruder」を選択します。

http://localhost:8888/vulnerabilities/sqli/?id=1&Submit=Submit

図6.40: 診断対象URLをIntruderに送り込む

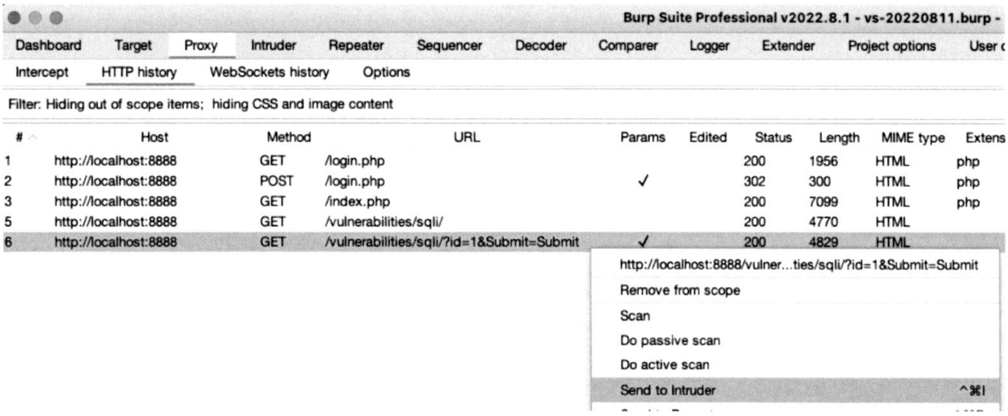

「Intruder」タブを開き、右側にある「Clear」ボタンを押下して、自動的に追加されている、診断対象箇所を示すマーカー（§）をすべて削除します。

すべてのマーカーを削除したら、「Payload Positions」の1行目にある「id=1」の「1」の前後にマーカーを設定します。マーカーを設定するには、「1」という文字列を選択した状態で「Add §」ボタンを押下します。

図6.41: 診断対象パラメーターにマーカーを設定

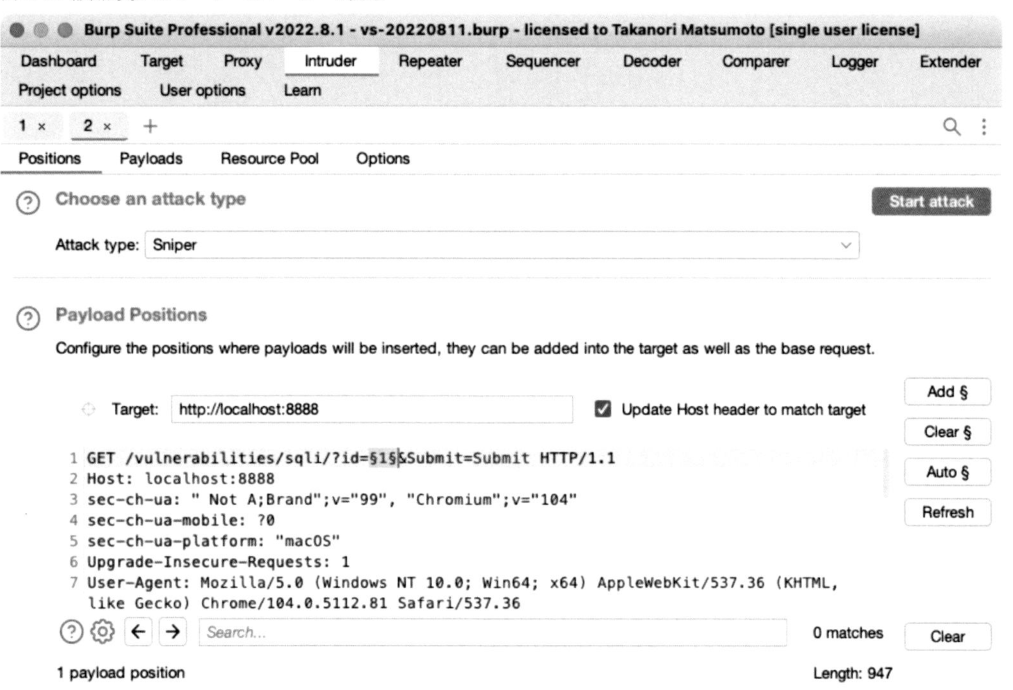

マーカーを設定したら、リクエストが表示されているペイン内で右クリックして「Scan defined insertion points」を選択します。

図6.42: Scan defined insertion points を選択

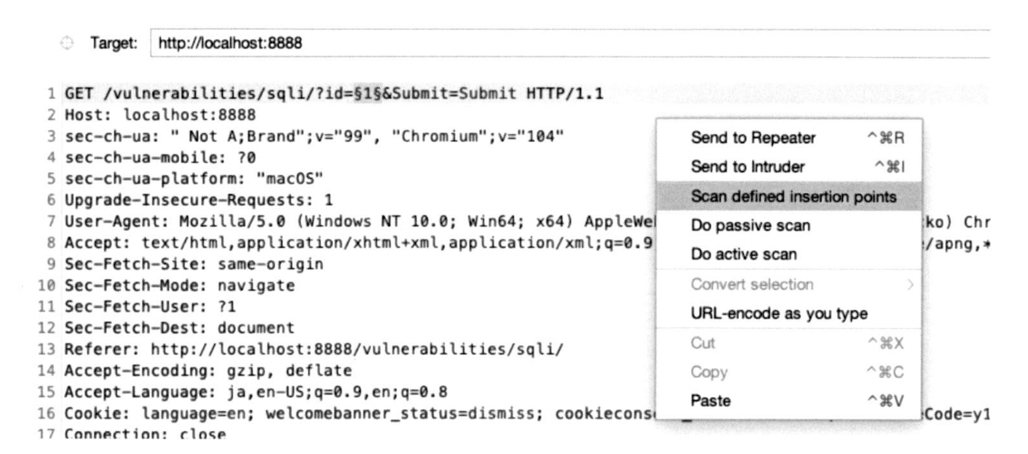

■ 6. Scan configurationを作成

「Scan defined insertion points」を選択すると、「New scan」ダイアログが開きます。

ダイアログが開いたら左側にある「Scan configureation」アイコンをクリックし、表示された画面にある「New...」ボタンを押下します。

「New scanning configuration」ダイアログが開くので、「Audit Optimization」を開いて「Audit accuracy」プルダウンリストで「Minimize false negatives」を選択して「Save」ボタンを押下します。

図6.43: Audit accuracyを設定

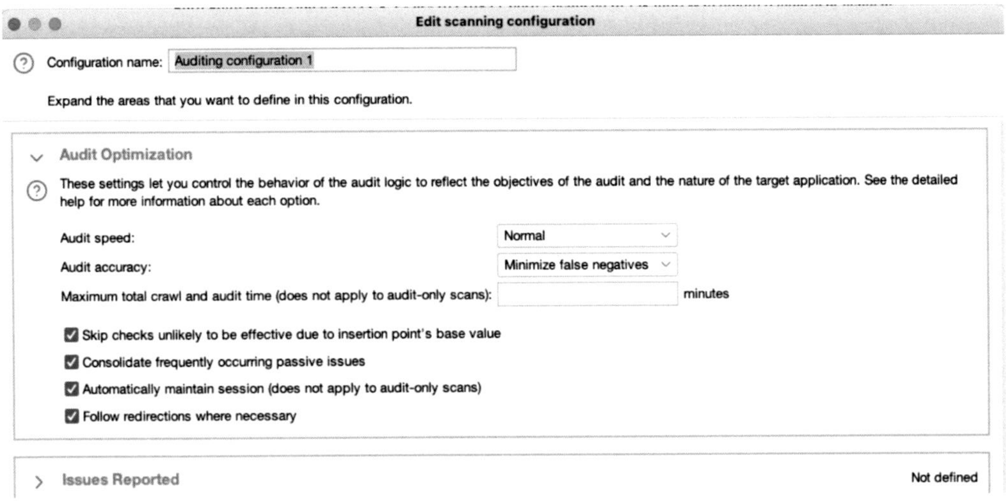

この設定により、可能な限り多くの検出を行うようにScanが実行されます。

Saveすると「New scan」ダイアログに戻るので、左側にある「Resource pool」アイコンを押下して「Resource Pool」で、先ほど作成した「active scan」という設定を選択します。

選択したら、「OK」ボタンを押下します。

図6.44: 作成したResource poolを選択

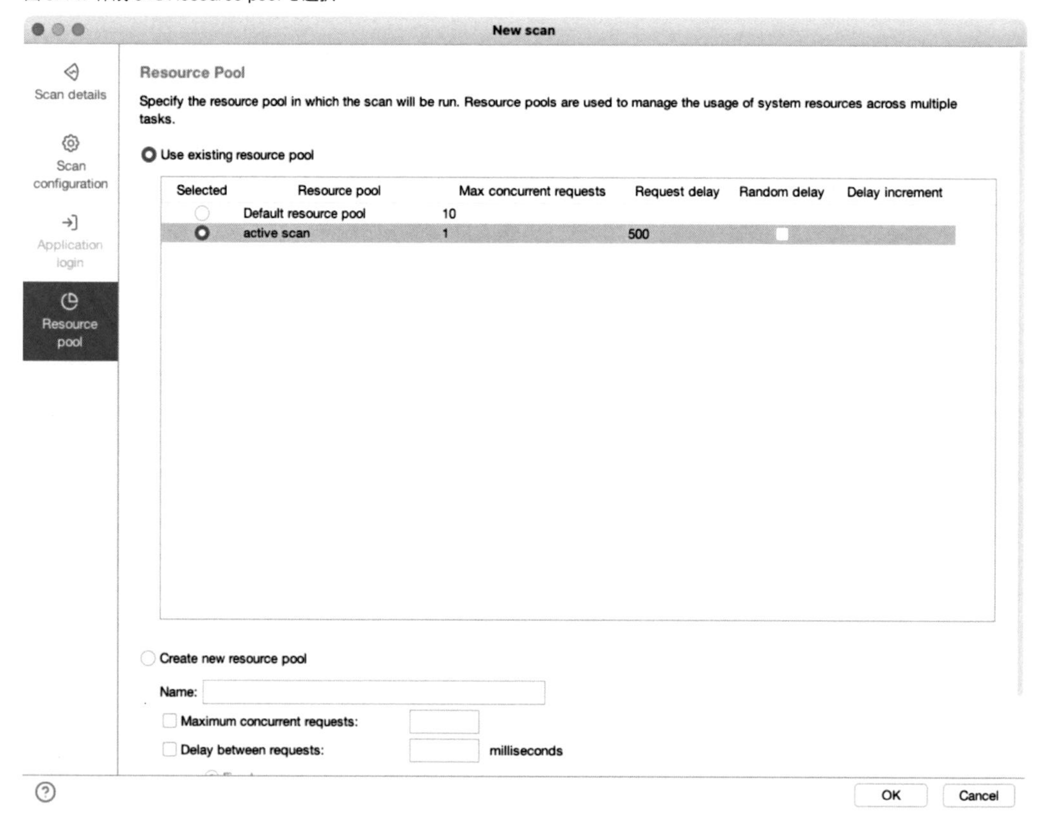

■ 7. 動的スキャン実施

「Dashboard」タブを開くと「3. Audit of localhost」というScan設定が作成されているので、この設定の枠内にある歯車アイコンの左のアイコン「▶」を押下してScanを開始します。

なお、「3. Audit of localhost」の数字部分は、状況により他の数字になる場合があります。

図6.45: Scanを実行

■ 8. 診断結果確認

Scanが完了したら、「3. Audit of localhost」の「View details」リンクを押下し、表示されたダイアログの「Issue activity」タブを押下して結果を確認します。

図6.46: Scan結果

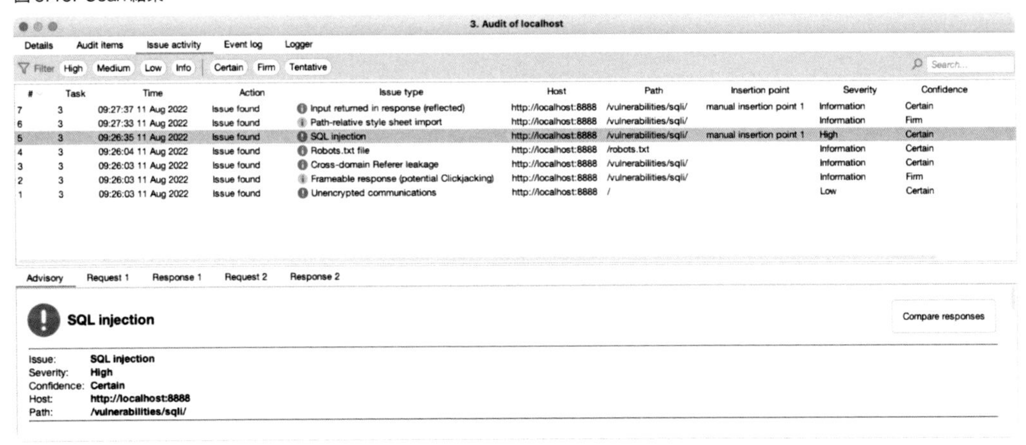

Scanによって検出した脆弱性を列挙します（過検知の脆弱性を除く）。

リスク	脆弱性
High	SQL injention
Information	Robots.txt file
Information	Path-relative style sheet import
Information	input returned in response (reflected)

6.2.10　動的スキャン結果の比較

OWASP ZAPとBurp Professionalの動的スキャン結果を比較すると、次の結果となりました。

- SQLインジェクションはどちらのツールも適切に検出している。
- Burp Professionalはクロスサイト・スクリプティング（XSS）を検出できなかった。
- OWASP ZAPはrobots.txtを検出できなかったが、そもそもルートディレクトリ「/」は診断対象外

Burp ProfessionalがXSSを検出できなかったのは、もしかしたら設定が悪いのかもしれません。ツールの性能からすると、この単純なXSSを検出できないとは思えないからです。

代わりに、「Information」レベルで「input returned in response (reflected)」を検出しています。これは、入力した文字列がそのままレスポンスに含まれている、という脆弱性（のきっかけとなる挙動）です。

ここまで検出しているのに肝心のXSSを未検出なのはおかしいので、日をあらためて再検証したいと思います。

6.3 「診断作業実施」についての評価

手動診断および自動診断についてOWASP ZAPとBurp Suiteを比較しましたが、手動および自動のどちらでも、Burp Suiteのほうが総合的に判断すると使い勝手がいいです。

また、Burp CommunityはBurp Professionalの簡易版という位置づけなので、History全体からの検索や自動診断ツールなど、脆弱性診断で頻繁に使用する重要な機能がBurp Communityには存在しないです。

このため、お試しで脆弱性診断を実施するのでなければ、業務でBurp Communityを使用するのは厳しいと言わざるを得ません。

同じ無償ツール同士で比較するなら、OWASP ZAPの方が業務での使用に向いています。

Burp Communityと違い、OWASP ZAPに保存されているリクエストやレスポンス全体から検索することができるのに加えて、自動診断ツールも標準で使用可能です。

ただし、使い勝手がBurp Professionalに劣る機能が多いため、本格的な脆弱性診断にOWASP ZAPを使用するのはオススメしません。

項目	OWASP ZAP	Burp Community	Burp Professional
手動診断	★★★☆☆	★★★☆☆	★★★★★
自動診断	★★★★☆	☆☆☆☆☆	★★★★★
計（10点満点）	7	3	10

第7章　診断結果考察

本章では、「診断結果考察」作業を実施するのに便利な機能がどれだけ備わっているかについて、OWASP ZAPとBurp Suiteを比較します。

7.1　OWASP ZAP

OWASP ZAPでは、自動診断の結果は「アラート」としてZAPセッションに保存されます。

アラートには「リスク」や「信頼性」などが定義されているほか、「説明」や「解決方法」などの、脆弱性の意味や対策を解説する文章が含まれています。これらの定義や文章のほとんどは編集可能です。

アラートの編集方法を示します。

1. 既存のアラートを右クリックして「編集」メニューを押下します。

図7.1: アラートを編集

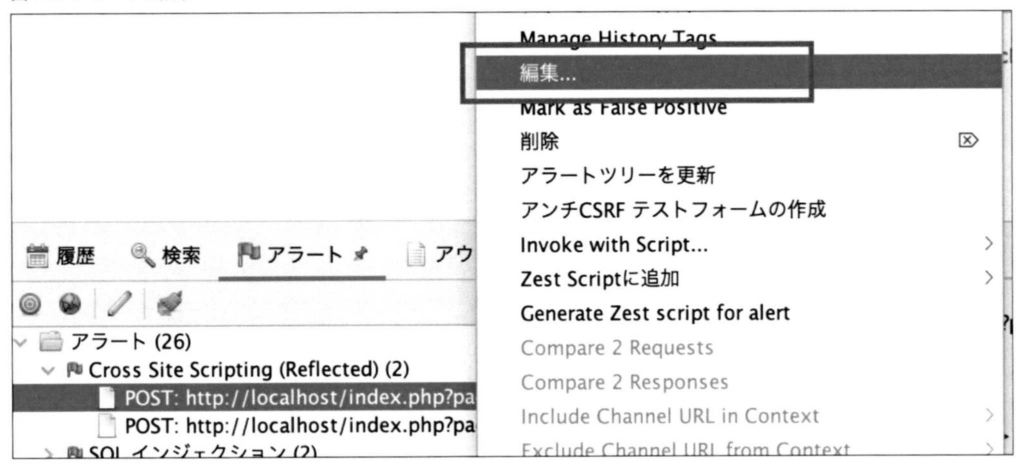

アラートの編集ダイアログを示します。

図7.2: アラートを編集

アラートを編集
ソースコードの開示 - PHP
URL: http://localhost/documentation/mutillidae-test-scripts.txt
リスク: Medium
信頼性: Medium
パラメータ:
攻撃:
証拠: <?php echo "<pre>";echo shell_exec($_REQUEST["pCommand"]);echo "</pre>"; ?>
CWE ID: 540
WASC ID: 13
説明:
Application Source Code was disclosed by the web server - PHP
その他の情報:
<?php echo "<pre>";echo shell_exec($_REQUEST["pCommand"]);echo "</pre>"; ?>
解決方法:
Ensure that application Source Code is not available with alternative extensions, and ensure that source code is not present within other files or data deployed to the web server, or served by the web server.
参照:
http://blogs.wsj.com/cio/2013/10/08/adobe-source-code-leak-is-bad-news-for-u-s-government/
Alert Tags:

Key	値
OWASP_2021_A05	https://owasp.org/Top10/A05_2021-Security_Misconfiguration/
OWASP_2017_A06	https://owasp.org/www-project-top-ten/2017/A6_2017-Security_Misc...

キャンセル　保存

アラートの主な項目

・リスク

―脆弱性の危険度。脆弱性ごとにデフォルトでリスクが設定されているが、状況に応じて変更可能。

・信頼性

―自動診断ツールが検出した脆弱性の信頼性を変更できる。「false positive（過検知）」から「confirmed（確認済み）」までの5段階で設定可能。

・説明

―「説明」や「解決方法」など、すべてのテキストを編集可能。編集した内容は報告書（レポート）に反映される。

7.2 Burp Suite

Burp Professionalでは、自動診断の結果は「Issue」としてプロジェクトに保存されます。OWASP ZAPと違い、Scannerによって作成されたIssueの内容を編集できません。編集できるのは次の項目です。

・コメント
・ハイライト
・severity（危険度、リスクレベル）
・confidence（脆弱性の信頼性）

また、新たなIssueを作成するには、BApp Storeで入手可能な拡張機能「Add & Track Custom Issue」をインストールする必要があります。

7.2.1 Add & Track Custom Issueのインストール

「Add & Track Custom Issue」はPythonで作成されているため、「Jython Standalone」の導入が必要です。

1. Jython Standaloneをダウンロード

Jython公式サイトのダウンロードページ（https://www.jython.org/download）の「Jython Standalone」というリンクを押下してJARファイルをダウンロードします。

図7.3: Downloads | Jython

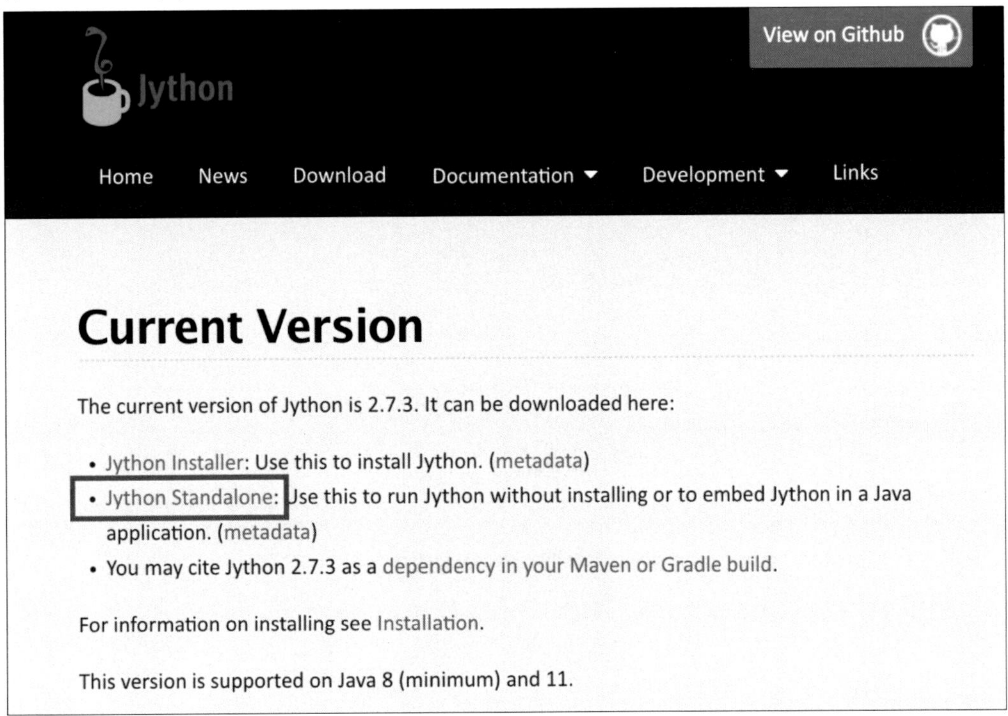

2．JARファイルをBurp Suiteにインストール

「Settings」>「User」>「Extensions」>「Python environment」の「Location of Jython standalone JAR file:」でダウンロードしたJARファイルを指定します。

図7.4: Python environment

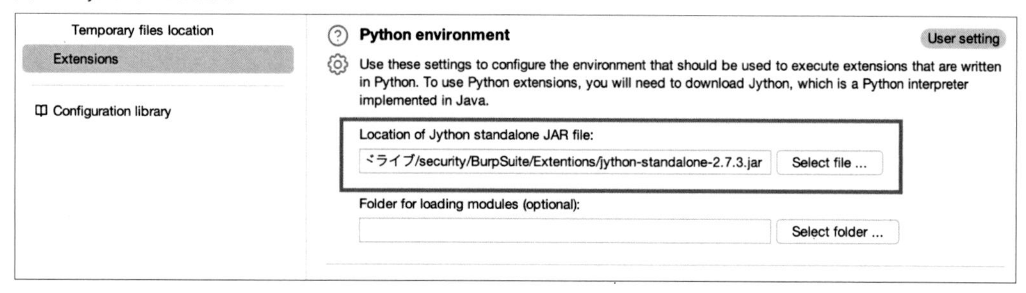

3．Burp Suiteの「Extensions」>「BApp Store」>タブを開いて「Add & Track Custom Issue」を選択します。

4．右下の「Install」ボタンを押下して拡張機能をインストールします。

図7.5: Add & Track Custom Issueをインストール

注意

「Add & Track Custom Issue」で追加したIssueは削除できません。削除できないのは拡張機能の制約ではなく、Burp SuiteのIssueの仕様と推測されます。Scannerにより作成されたIssueも削除することができないからです。

7.3 「診断結果考察」についての評価

OWASP ZAPとBurp Professionalは、自動診断ツールが検出した脆弱性（アラート、Issue）の危険度と信頼度を変更できます。OWASP ZAPはこれらに加えて、脆弱性の説明や対策なども変更できます。

さらに、OWASP ZAPには任意の履歴に対してアラートを新規作成する機能が標準で備わっています。

Burp Professionalは、公式に配布されている拡張機能「Add & Track Custom Issue」をインストールすれば、脆弱性（Issue）を新規作成できます。ただし、Burp Professionalの場合、作成したIssueの内容を変更したり丸ごと削除したりはできません。間違えて作成した場合はゴミとなって残ってしまいます。

なお、Burp Communityには、「Add & Track Custom Issue」をインストールできません。この拡張機能はProfessional版専用です。

以上より、自動および手動診断により検出した脆弱性の考察作業は、OWASP ZAPのほうが圧倒的にやりやすいといえます。

項目	OWASP ZAP	Burp Community	Burp Professional
脆弱性の危険度を変更	★★★★★	☆☆☆☆☆	★★★★★
脆弱性の信頼度を変更	★★★★★	☆☆☆☆☆	★★★★★
脆弱性の説明を変更	★★★★★	☆☆☆☆☆	☆☆☆☆☆
脆弱性を新規作成	★★★★★	☆☆☆☆☆	★☆☆☆☆
脆弱性を削除	★★★★★	☆☆☆☆☆	☆☆☆☆☆
計（25点満点）	25	0	11

第8章　診断結果報告

本章では、「診断結果報告」作業を実施するのに便利な機能がどれだけ備わっているかについて、OWASP ZAPとBurp Suiteを比較します。

8.1　OWASP ZAP

静的スキャンや動的スキャンの結果や、自作した「アラート」をHTML形式やJSON形式などで整理して出力できます。

ここでは、HTML形式で報告書を出力する方法を示します。

1. メニューの「レポート」>「Generate Report ...」を押下して「Generate Report」ダイアログを表示させます。

デフォルトで「スコープ」タブが表示されます。

図8.1: Generate Report

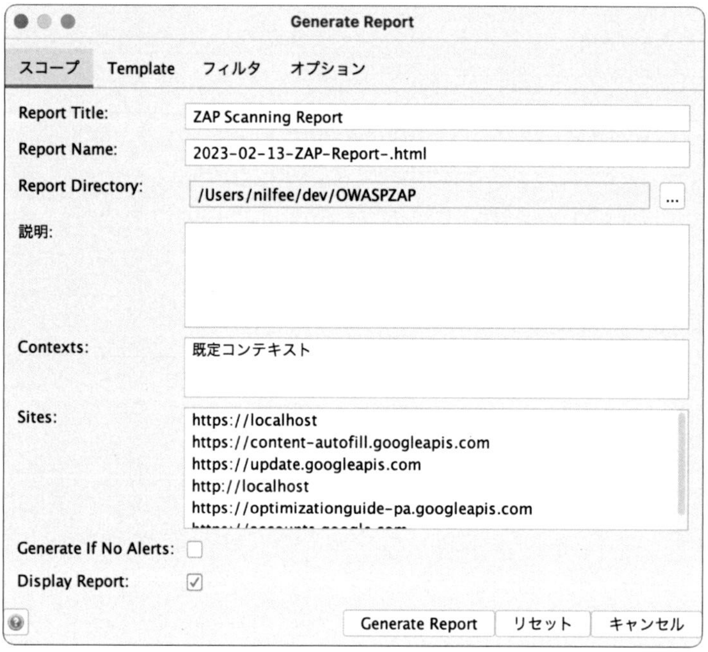

「スコープ」タブでは報告書のタイトルやファイル名、説明などを設定できます。このタブで一番重要な項目は「Sites」です。報告書に出力する脆弱性を検出したサイトのURLを選択します。CtrlやShiftキーを押しながら選択すると、複数のURLを選択できます。

図8.2:「Sites」で複数のURLを選択

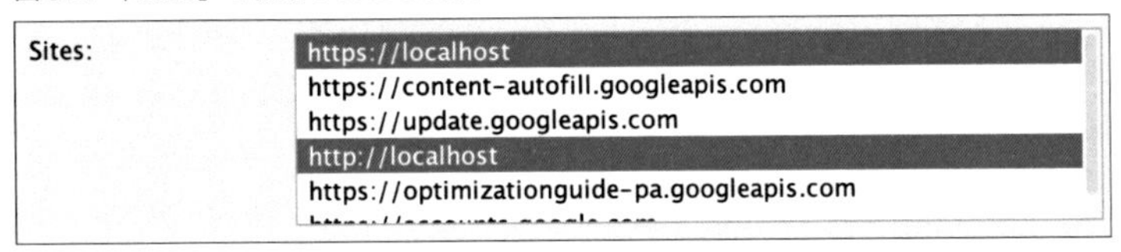

「Template」タブでは、報告書のフォーマットやレイアウトを決定するテンプレートを選択します。古いバージョンのOWASP ZAPでは、HTMLやJSONなどの出力形式は選択できましたが、報告書の構成やレイアウトなどは変更できませんでした。最近のバージョンになって、「Theme（テーマ）」と呼ばれる、さまざまな構成やレイアウトを選べるようになりました。

図8.3:「Template」タブ

Generate Report
スコープ　Template　フィルタ　オプション
テンプレート: Modern HTML Report with themes and options
Theme: Technology [Dark / Red]
Sections:
- [ ] Chart
- [x] Alert Count
- [x] Instance Count
- [x] Passing Rules
- [x] Alert Details
- [x] Statistics
- [x] Parameters

Generate Report　リセット　キャンセル

このタブでテンプレートとThemeを選択して、「Sections」で報告書に出力する項目を選びます。

図8.4:「フィルタ」タブ

「フィルタ」タブで出力する脆弱性の危険度と信頼性を選択します。

デフォルトでは「Include Risks」の「Informational」のチェックが外れています。Informationalは注意喚起なので、対策しなくてもセキュリティ上問題が出ることは少ないです。しかし、いずれ対策した方がよいと感じることが多い項目ではあるため、報告書に含めることをオススメします。

同様に、「Include Confidence」の「False Positive」についても、診断者が自ら判断して過検知（False Positive）であると設定したことを記録として残すという意味で、報告書に含めることをオススメします。仮に過検知という判断が間違っていたとしても、診断者以外の誰かが報告書を閲覧した際に間違いに気づく可能性があります。

図8.5: 「オプション」タブ

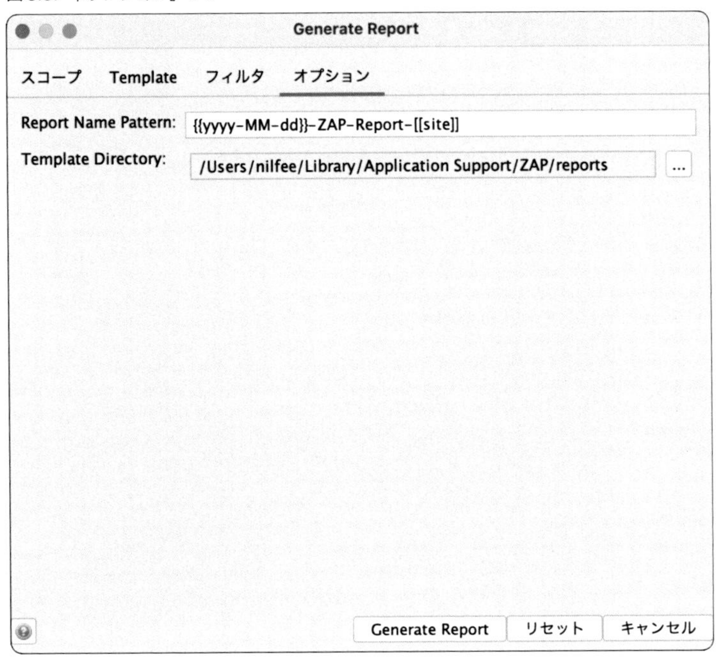

「オプション」タブでは、報告書のファイル名のパターンとテンプレート保存ディレクトリを指定できます。

ファイル名のパターンは、デフォルトでは「日付+"ZAP-Report"+診断対象ホスト名」となっています。1日に何度も報告書を出力する場合は、日付の部分に時刻を追加すると便利です。

ファイル名に時刻を追加するには、次の文字を使用します。

文字	意味
h	時間（12時間制）
H	時間（24時間制）
m	分
s	秒

例として、デフォルトのファイル名フォーマットに24時間制の時刻を追加したものを示します。

```
{{yyyy-MM-dd_HHmmss}}-ZAP-Report-[[site]]
```

2. 「Generate Report」ダイアログのすべてのタブの設定を確認したら「Generate Report」ボタンを押下して報告書を出力します。

次図は、デフォルトテンプレートで出力した報告書の例です。

図8.6: ZAP Scanning Report

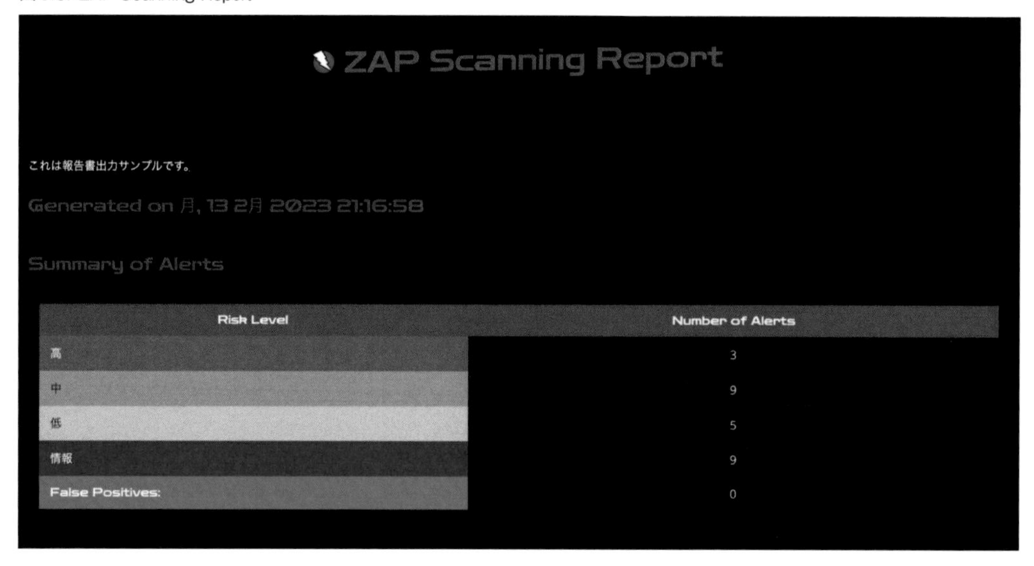

デフォルトなのになかなか攻めたデザインですね。

趣味で脆弱性診断を実施しているのならばこれでもいいですが、仕事で他人に対して報告書を提出する必要がある場合は、デフォルト以外のテンプレートを使用して「無難」にまとめることをオススメします。

8.2 Burp Suite Professional

Burp Professionalでは、Scanner実行時に検出されたIssueを報告書に出力できます。

Burp CommunityにはScannerが存在しないため、報告書作成機能もありません。

ここでは、プロジェクト全体で検出されたIssueを報告書にまとめる方法を示します。

1. 「Dashboard」の「Issue activity」に列挙されているIssueをすべて選択し、選択したIssue上で右クリックして「Report selected issues」を選択します。

図8.7: Issueの一覧

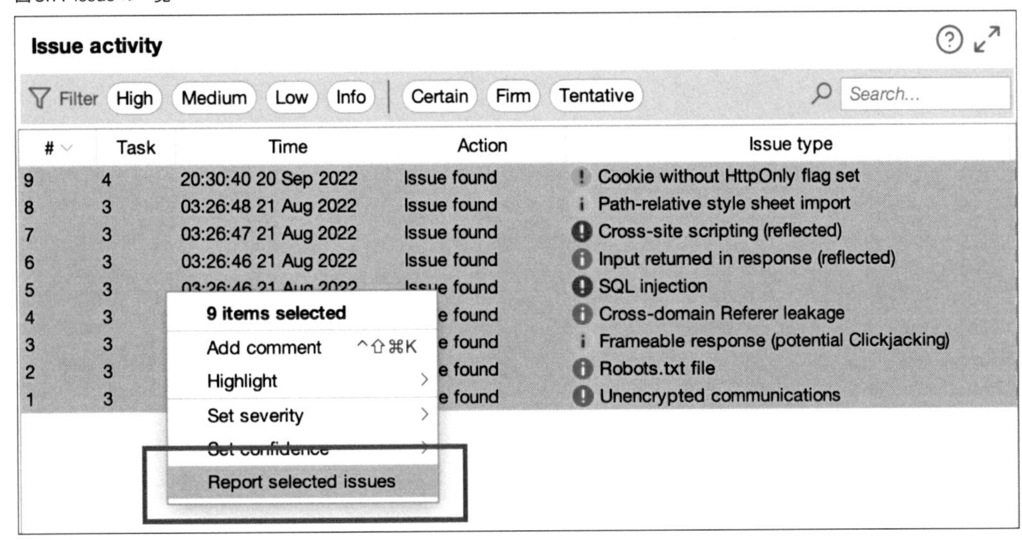

2. 表示された「Burp Scanner reporting wizard」で報告書の形式を選択します。HTML形式とXML形式のいずれかを選べます。ここではHTML形式で作成します。

「Generate report (HTML)」ラジオボタンを選択して「Next」ボタンをクリックします。

図8.8: Burp Scanner reporting wizard

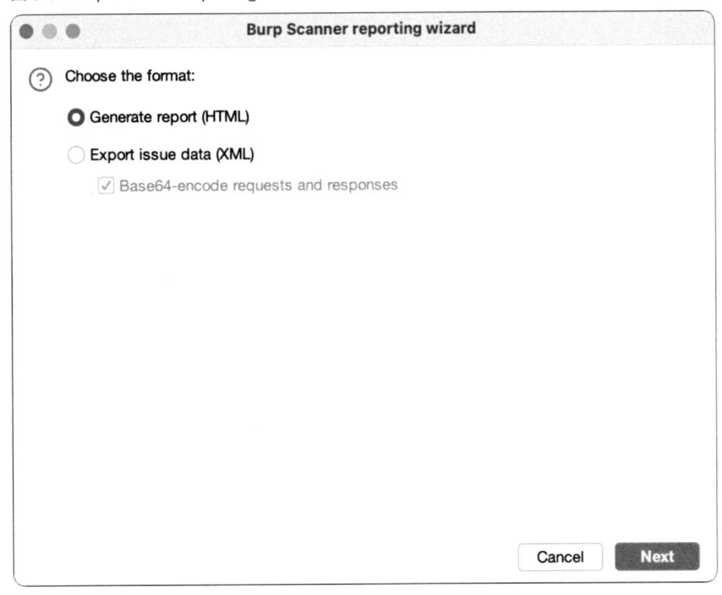

3. 報告書に含める項目を選択します。特に省略すべき項目はないため、すべてのチェックボッ

クスにチェックを入れます。

すべてにチェックが入っていることを確認したら、「Next」ボタンをクリックします。

図8.9: Burp Scanner reporting wizard

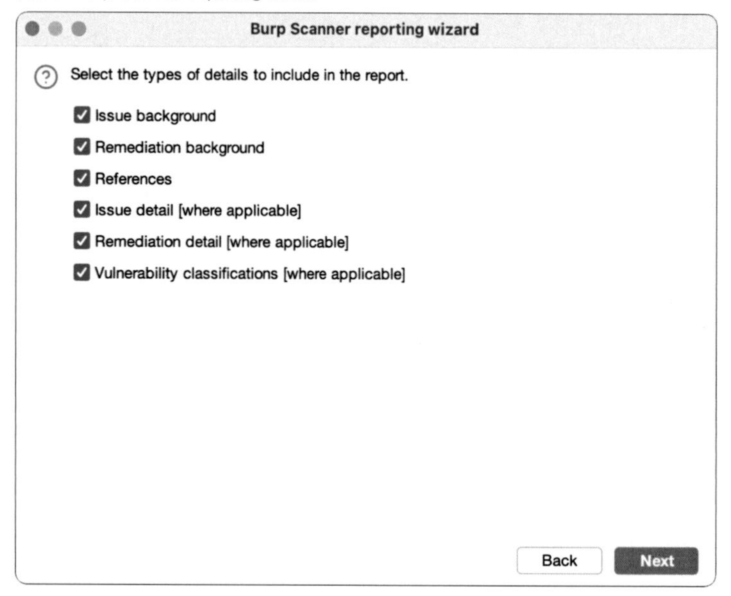

4. Issueに紐付くHTTPリクエストおよびHTTPレスポンスをどのように報告書に反映するかを選択します。ほとんどの場合、リクエストもレスポンスも「Include relevant extract」を選択して、直接関係のあるメッセージ部分のみの出力で問題ないでしょう。ただし、リクエストやレスポンスの全容を把握しないと、事象や対策などを確認できない脆弱性が存在します。この場合は「Include full requests/responses」を選択します。

リクエストとレスポンスをどのように報告書に含めるかを選択したら、「Next」ボタンをクリックします。

図8.10: Burp Scanner reporting wizard

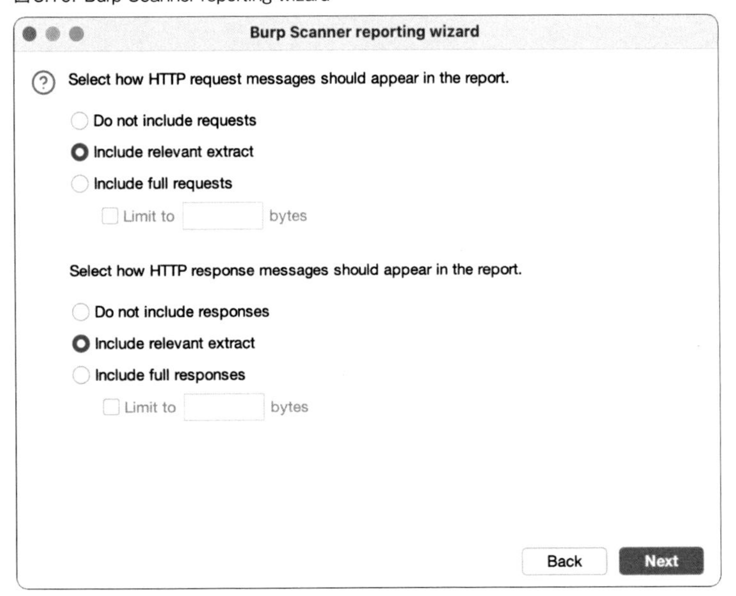

5. 報告書に記載する脆弱性を選択できます。もし、ここまでWizardを進めてきて気が変わったら、記載する脆弱性を変更できます。ただし、元々選択していなかった脆弱性をこのタイミングで追加することはできません。Dashboardで未選択の脆弱性を選択し直せるのであれば有益だったのですが。

報告書に記載したい脆弱性が選択されていることを確認したら、「Next」ボタンをクリックします。

図8.11: Burp Scanner reporting wizard

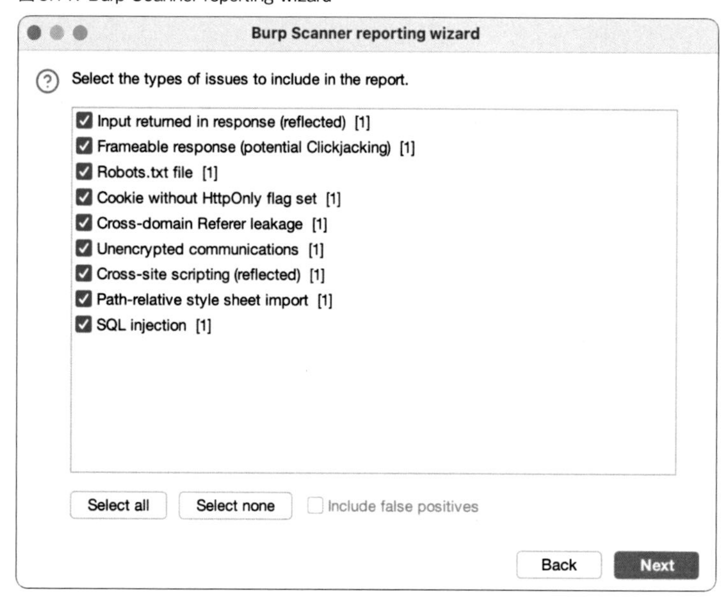

6. 報告書のファイル名やタイトルなどを設定します。いくつかの項目を設定して「Next」ボタンをクリック後、しばらく待つと報告書が作成されます。

図8.12: Burp Scanner reporting wizard

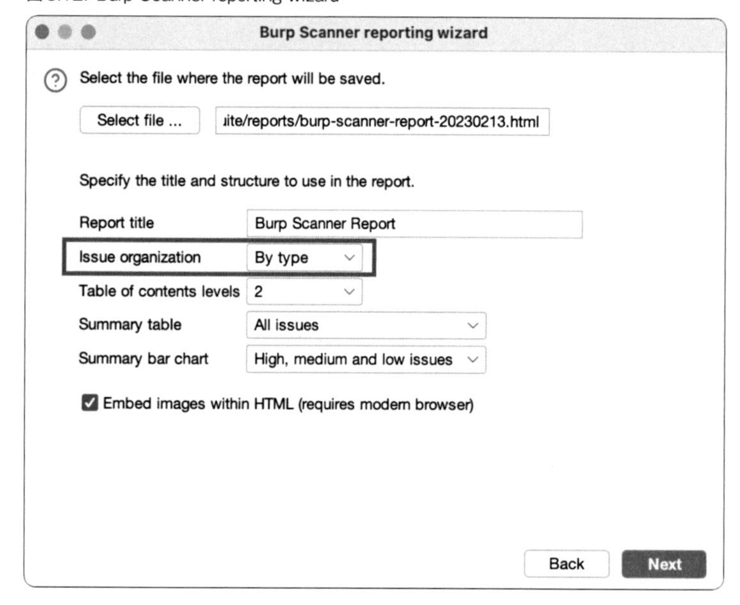

図8.13: HTML形式で作成した報告書

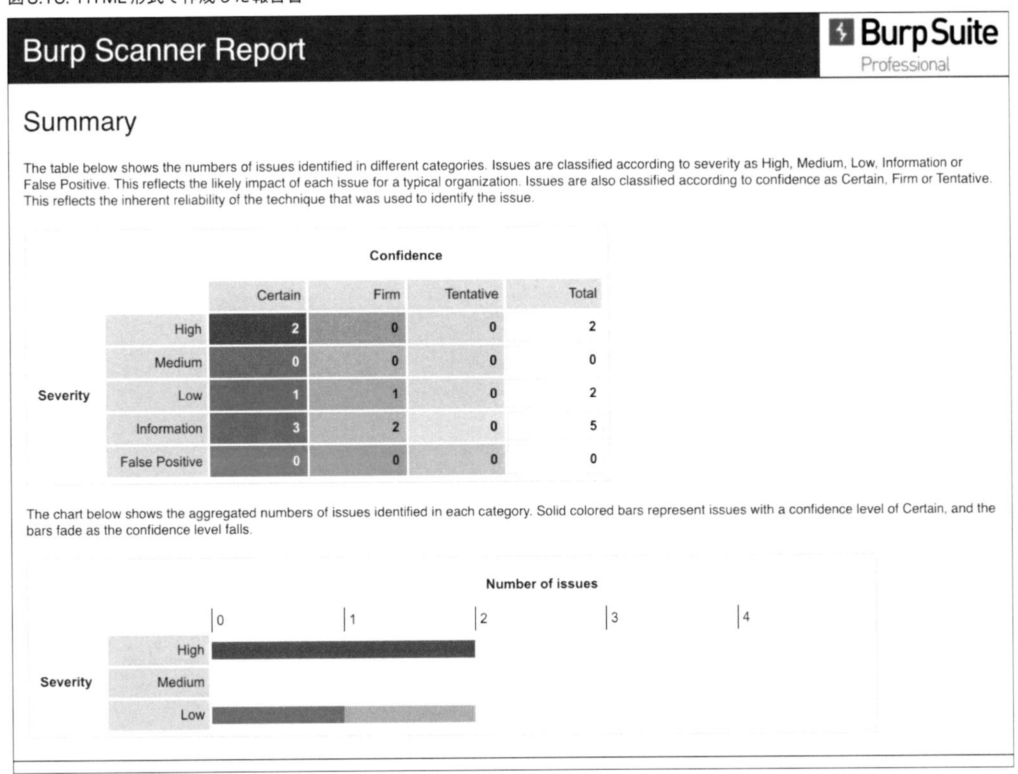

Burp Scanner Report

Burp Suite Professional

Summary

The table below shows the numbers of issues identified in different categories. Issues are classified according to severity as High, Medium, Low, Information or False Positive. This reflects the likely impact of each issue for a typical organization. Issues are also classified according to confidence as Certain, Firm or Tentative. This reflects the inherent reliability of the technique that was used to identify the issue.

		Confidence			
		Certain	Firm	Tentative	Total
Severity	High	2	0	0	2
	Medium	0	0	0	0
	Low	1	1	0	2
	Information	3	2	0	5
	False Positive	0	0	0	0

The chart below shows the aggregated numbers of issues identified in each category. Solid colored bars represent issues with a confidence level of Certain, and the bars fade as the confidence level falls.

最後の設定画面で特に重要な項目「Issue organization」について説明します。

8.2.1 Issue organization

「Issue organization」で報告書の構成を決めます。3つの選択肢があります。

選択肢	意味
By type	脆弱性ごとにまとめる
By severity	脆弱性の危険度ごとにまとめる
By URL	脆弱性を検出したURLごとにまとめる

デフォルトでは「By type」が選択されています。「By type」で作成すると、次図のように脆弱性の危険度が高い順に列挙されます。

図8.14: By typeで作成

Contents

1. SQL injection
2. Cross-site scripting (reflected)
3. Cookie without HttpOnly flag set
4. Unencrypted communications
5. Path-relative style sheet import
6. Input returned in response (reflected)
7. Cross-domain Referer leakage
8. Frameable response (potential Clickjacking)
9. Robots.txt file

経験上、脆弱性診断会社が作成する診断報告書は、脆弱性ごとにまとめて構成されていることがほとんどです。

ひとつの脆弱性が複数のURLで検出された場合、対策方法はURLごとに異なることはあまりなく、同じ対策方法で対策できることが多いです。このため、脆弱性ごとに構成されているほうが、対策するエンジニアにとっては対応しやすいでしょう。

ちなみに、「By severity」や「By URL」で作成した場合は、それぞれ次のようになります。

図8.15: By severityで作成

Contents

1. High severity issues
   - 1.1. SQL injection
   - 1.2. Cross-site scripting (reflected)
2. Low severity issues
   - 2.1. Cookie without HttpOnly flag set
   - 2.2. Unencrypted communications
3. Informational issues
   - 3.1. Path-relative style sheet import
   - 3.2. Input returned in response (reflected)
   - 3.3. Cross-domain Referer leakage
   - 3.4. Frameable response (potential Clickjacking)
   - 3.5. Robots.txt file

図8.16: By URLで作成

Contents

1. http://localhost/

1.1. Cookie without HttpOnly flag set
1.2. Unencrypted communications

2. http://localhost/robots.txt

2.1. Robots.txt file

3. http://localhost/vulnerabilities/sqli/

3.1. SQL injection
3.2. Cross-site scripting (reflected)
3.3. Path-relative style sheet import
3.4. Input returned in response (reflected)
3.5. Cross-domain Referer leakage
3.6. Frameable response (potential Clickjacking)

「By URL」で作成すると、どの画面（リクエスト）で脆弱性が多く検出されているかが一目瞭然です。修正目的ではなく集計目的で報告書を読む場合は、「By URL」のほうがわかりやすいかもしれません。

8.3 「診断結果報告」に関連する機能の評価

OWASP ZAPでは、自動診断ツールの「静的スキャン」および「動的スキャン」の結果に加えて、診断者が自作した「アラート」を報告書に含めることができます。

Burp Communityには、報告書自動作成機能が存在しません。脆弱性診断の結果を簡単にまとめるという意図で、Burp Communityを使用するのは難しいです。

Burp Professionalには、報告書自動作成機能が存在します。Scannerが検出した脆弱性を整理して報告書にまとめることができます。しかし、次のようなデメリットがあります。

- 出力形式がHTMLとXMLの2種類しかない
- Scannerが検出していない脆弱性を報告書に含めることができない
- 報告書のフォーマットをカスタマイズできない

また、Burp Professionalは診断者が「Issue」を自作できないため、自動診断ツール「Scanner」の結果のみを報告書に出力できます。

OWASP ZAPは報告書自動作成機能が充実しています。出力フォーマットはHTMLやXMLだけではなく、JSONやMarkDown形式でも出力できます。報告書をPDF化することも可能です。

また、報告書のフォーマットは、デフォルトでいくつか用意されていますが、HTMLやMarkDownなどの知識があれば自由にカスタマイズできます。

項目	OWASP ZAP	Burp Community	Burp Professional
報告書自動作成	★★★★★	☆☆☆☆☆	★★★★☆
出力形式	★★★★★	☆☆☆☆☆	★★☆☆☆
報告書のカスタマイズ	★★★★★	☆☆☆☆☆	★★★☆☆
計（15点満点）	15	0	9

第9章　外観を比較

脆弱性診断フローに基づいて機能を比較したところで、OWASP ZAPおよびBurp Suiteの外観について比較してみたいと思います。

どちらもGUIツールなので、外観の善し悪しで使い勝手が変わります。好みもあるでしょうが、必要な情報をすばやく見つけることができるか、とか、自分好みの外観にカスタマイズできるか、などの観点で比較してみます。

9.1　ダークモード

今時のアプリケーションは、いわゆる「ダークモード」を備えていて、黒基調の外観で使用できます。OWASP ZAPとBurp Suiteの両アプリもダークモードを備えています。

Burp Suiteの外観モードは「Light」と「Dark」の2種類だけですが、OWASP ZAPは、ライトモードおよびダークモードがそれぞれ2種類に加えて「Metal」や「Mac OS X」など、全部で8つの外観モードを持っています。

9.1.1　OWASP ZAPの外観モード

- Metal
- Nimbus
- CDE/Motif
- Mac OS X （以上4つはライトモード）
- Flat Light（ライトモード）
- Flat Dark（ダークモード）
- Flat IntelliJ（ライトモード）
- Flat Darcula（ダークモード）

OWASP ZAPは、ダークモードと履歴ハイライトの相性があまりよくありません。

ダークモードにした場合、明るめのハイライトでもフォントの色が明るいままなので見づらくなります。

特に、「Neonmarker」アドオンを導入して履歴にハイライト（背景色）を設定すると、見にくさが極まります。

図9.1: OWASP ZAPのダークモードでNeonmarkerを使用

OWASP ZAPの外観を変更するには、「ツール」>「オプション」>「表示」>「Look and Feel」のプルダウンリストで外観を選択するか、下図のアイコン「Dynamically switch the Look and Feel」をクリックして表示されるプルダウンリストから外観を選択します。

図9.2: Dynamically switch the Look and Feelアイコンをクリック

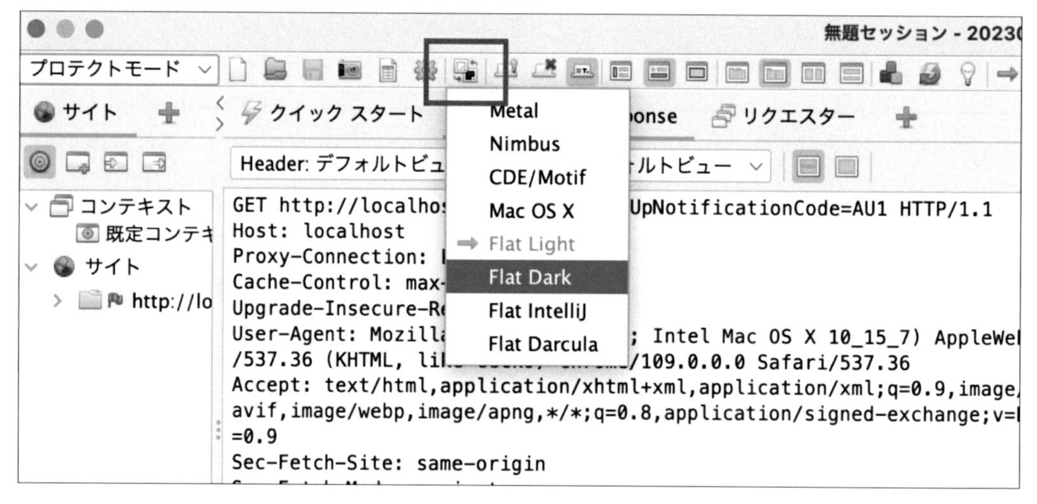

9.1.2 Burp Suiteの外観モード

Burp Suiteの外観モードは「Light（ライトモード）」と「Dark（ダークモード）」の2種類のみです。

「Settings」>「User」の「User Interface」にある「Display」を選択します。「Appearance」の

「Theme」ラジオボタンで「Light」または「Dark」を選択すると、外観モードを切り替えられます。

図9.3: Appearance

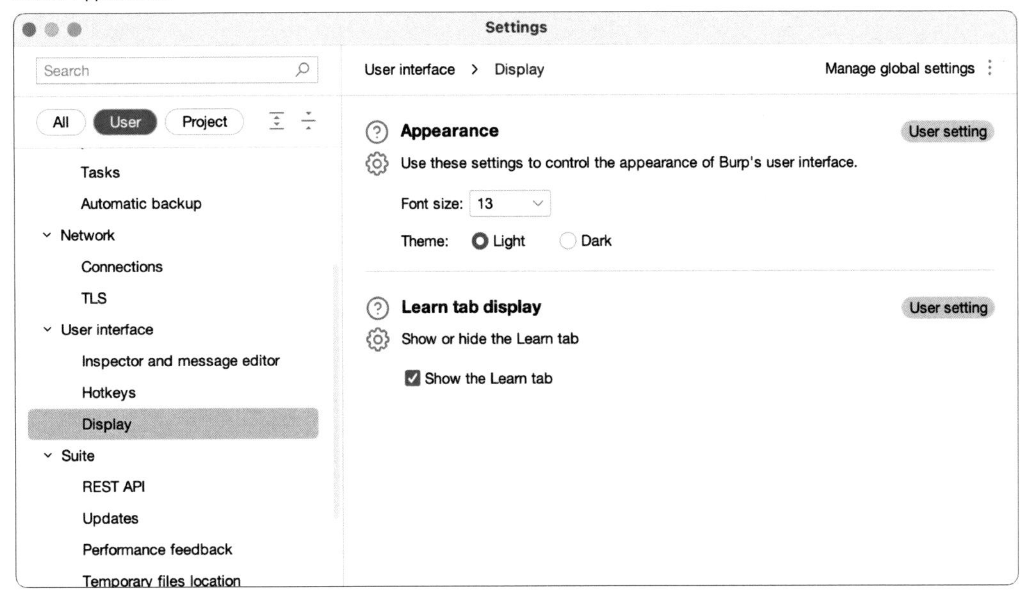

次図は「Dark」の例です。

図9.4: Dark

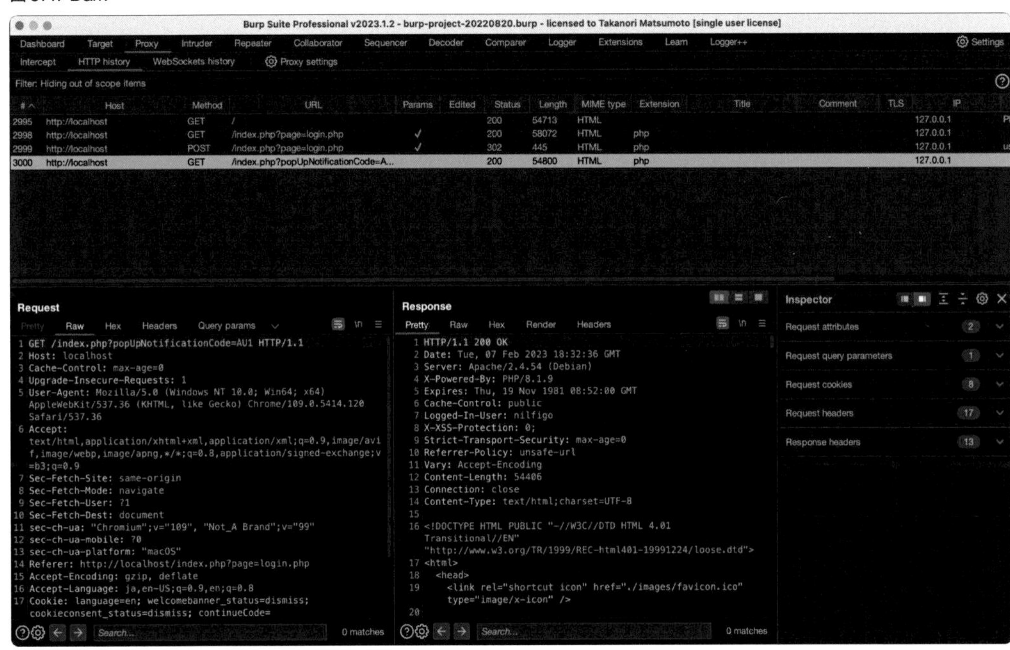

9.2 フォント

どちらのツールも、アプリ全体とリクエストやレスポンスを表示するエリアとで、フォント設定が独立しています。

日本語を含む文字列を送受信するWebアプリケーションを診断する場合、リクエストやレスポンスなどを表示するエリアのフォントを日本語用に設定する必要があります。

なお、リクエストおよびレスポンスエリアのフォントは、文字の幅が一定である「等幅フォント」を設定することをオススメします。

9.2.1 アプリ全体のフォント

OWASP ZAP

OWASP ZAPのアプリ全体のフォント設定は、以下の場所で変更します。

「ツール」>「オプション」>「表示」>「General Font」

図9.5: Work Panels Font

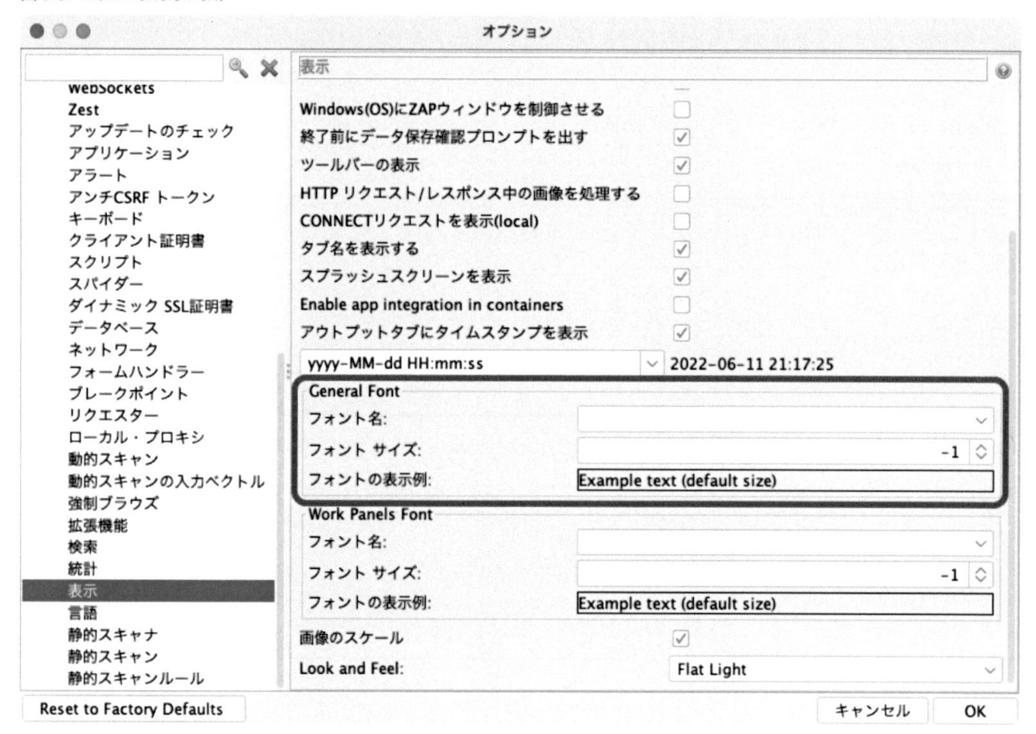

「フォント名」プルダウンリストでフォントを選び、「フォントサイズ」スピンボタンでフォントの大きさを決めます。フォントサイズに「-1」を設定すると、デフォルトの大きさとなります。

すぐ近くに「フォントの表示例」というサンプル表示エリアがあるため、フォントを変更した場合の見た目を確認しやすいです。

Burp Suite

Burp Suiteのアプリ全体のフォント設定は、以下の場所で変更します。

「Settings」>「User」>「User Interface」>「Inspector and message editor」>「HTTP message display」

図9.6: User Interface

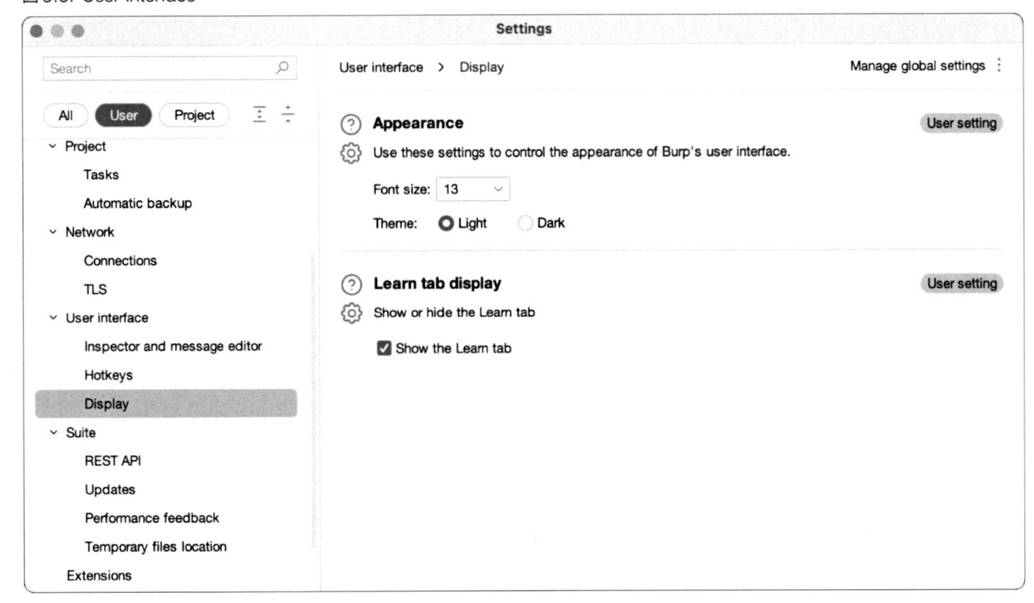

フォントのサイズのみを変更可能です。**フォント名は変更できません。**

9.2.2　履歴およびリクエストやレスポンスなど

OWASP ZAP

OWASP ZAPでは、リクエストやレスポンスなどを表示するエリアを「Work Panels」と呼称しています。Work Panelsのフォント設定は以下の場所で変更します。

「ツール」>「オプション」>「表示」>「Work Panels Font」

図9.7: Work Panels Font

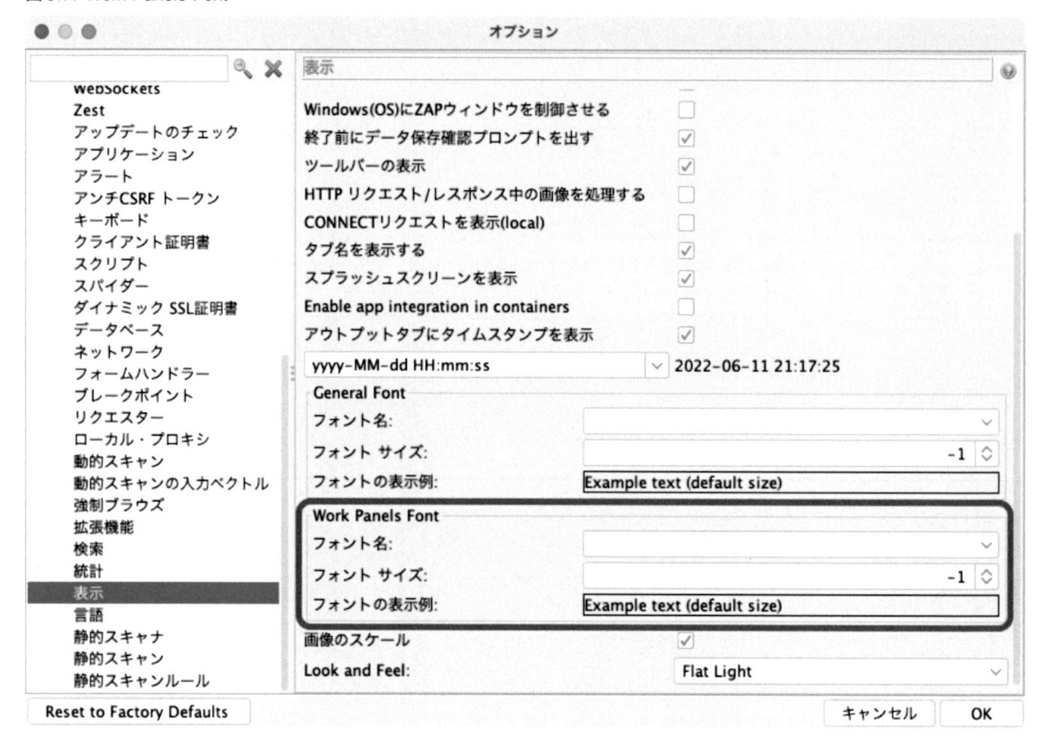

アプリ全体のフォントと同様に、「フォント名」プルダウンリストでフォントを選び、「フォントサイズ」スピンボタンでフォントの大きさを決めます。フォントサイズに「-1」を設定すると、デフォルトの大きさとなります。

すぐ近くに「フォントの表示例」というサンプル表示エリアがあるため、変更した場合の見た目を把握しやすいです。

Burp Suite

Burp Suiteの履歴やリクエストなどのフォント設定は、以下の場所で変更します。

「Settings」>「User」>「User Interface」>「Inspector and message editor」>「HTTP message display」

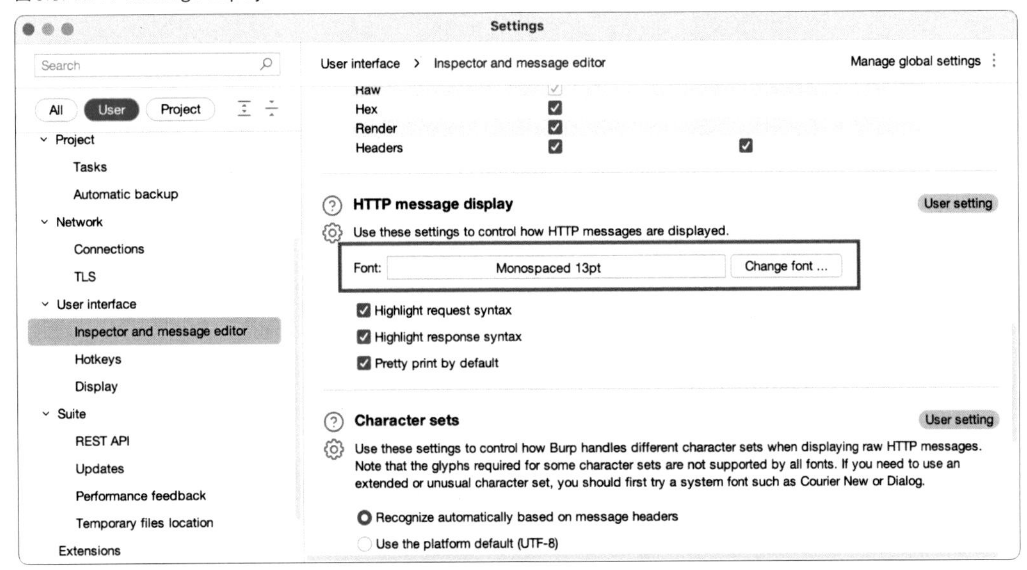

図9.8: HTTP message display

フォント名およびサイズを変更できます。

9.2.3　シンタックスハイライト

どちらのツールも、リクエストおよびレスポンスのシンタックスハイライトが可能です。

OWASP ZAP

図9.9: OWASP ZAPのシンタックスハイライトの例

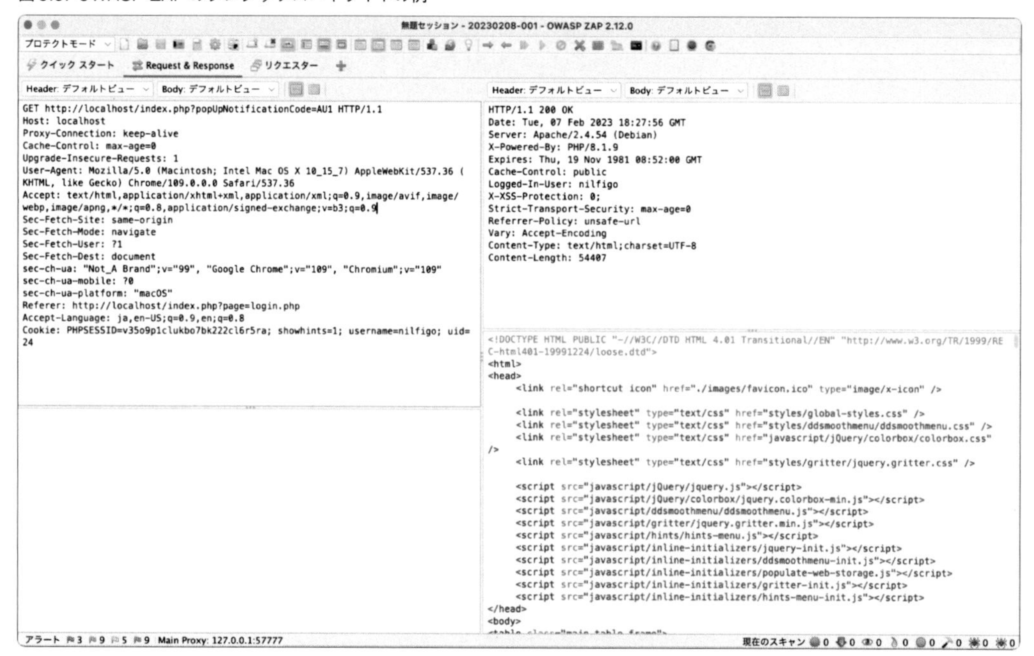

「Request & Response」タブをダブルクリックして、リクエストおよびレスポンスエリアを最大化しています。

Burp Suite

Burp Suiteのシンタックスハイライトは、以下の場所で設定します。

- 「Settings」>「User」>「User Interface」>「Inspector and message editor」>「HTTP message display」>「Highlight request syntax」
- 「Settings」>「User」>「User Interface」>「Inspector and message editor」>「HTTP message display」>「Highlight response syntax」

図9.10: HTTP message display

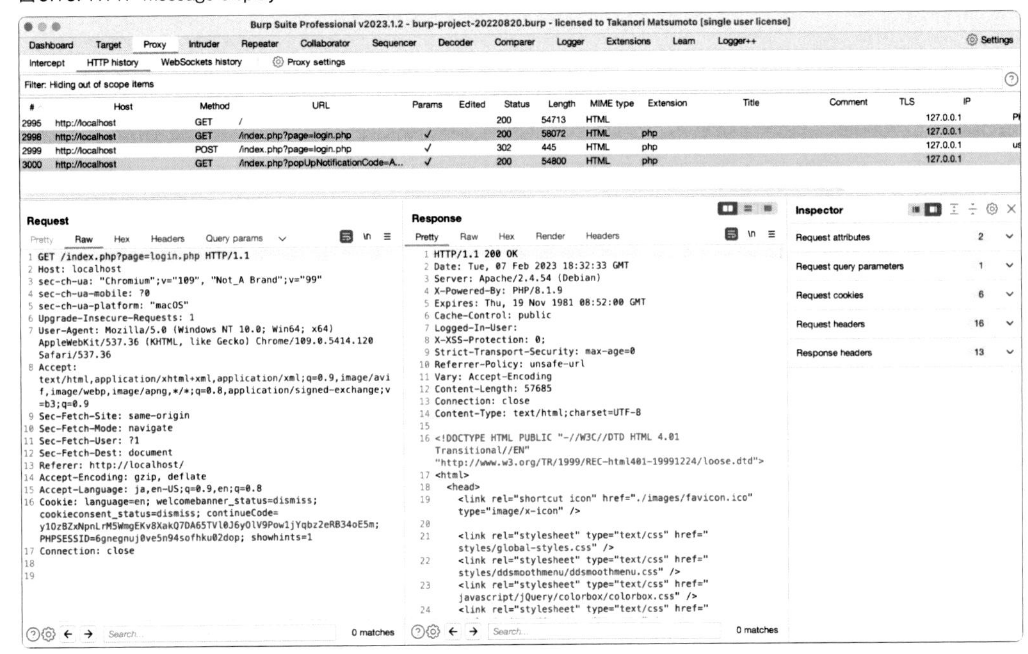

チェックを入れると、ヘッダーの名前やリクエストボディの値などを色分けしてくれます。

図9.11: Burp Suiteのシンタックスハイライトの例

9.3 UIの日本語化

9.3.1 Crowdin

OWASP ZAPは「Crowdin」というオープンソースソフトウェア（OSS）の翻訳を管理・運用できるサービスを利用することで、メニューの文言やヘルプメッセージなどの国際化を実現しています。日本語の他、ありとあらゆる言語に翻訳されています。

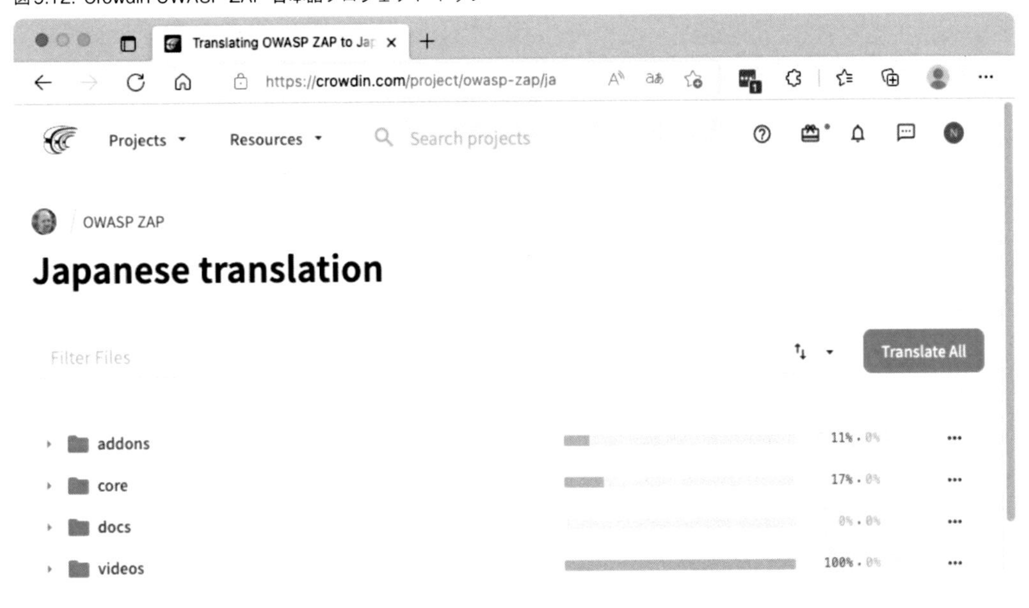

図9.12: Crowdin OWASP ZAP 日本語プロジェクト トップ

OSSへの貢献のひとつとして翻訳作業がありますが、Crowdinであれば、誰でも気軽にOSSへ貢献できます。

OWASP ZAPの日本語化プロジェクトは、以下のURLからアクセスできます。

https://crowdin.com/project/owasp-zap/ja

翻訳作業はボランティア活動に頼っているため、翻訳の網羅性や正確性などは正直微妙です。ぜひ、皆さんのお力でOWASP ZAPの日本語化を推し進めていただきたいと思います。私も一部文言の翻訳に参加していますが、最近サボり気味なので、これを機に頑張りたいと思います。

通常は、日本語環境のOSにOWASP ZAPをインストールすれば自動的に日本語化されるはずですが、もし、デフォルトの英語のままの場合は、以下の手順によりOWASP ZAPのUIを日本語に変更できます。

1. 「Tools」>「Options」で「Options」ダイアログを開き、左ペインで「Language」を選択します。
2. 「Language」プルダウンリストで「日本語」を選択して【OK】ボタンをクリックします。
3. OWASP ZAPを再起動するとUIが日本語化されます。

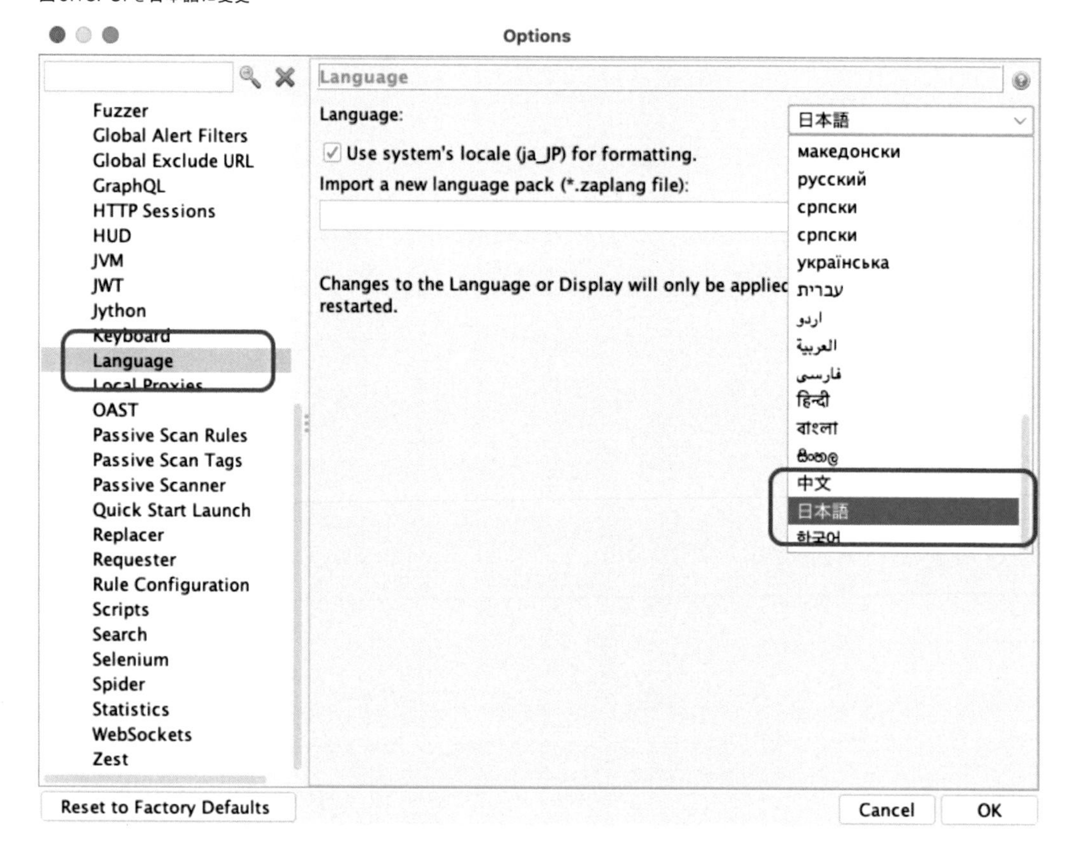

図9.13: UIを日本語に変更

9.3.2　Belle (Burp Suite 非公式日本語化ツール)

Burp Suiteは公式な国際化の仕組みを持っていません。メニューやヘルプなどはすべて英語です。

しかし、「@ankokuty」(https://twitter.com/ankokuty)さんが、Burp Suiteをハックして無理矢理日本語化するプロジェクトを公開しています。

Belle (Burp Suite 非公式日本語化ツール)
https://github.com/ankokuty/Belle

これを利用すれば、Burp Suiteを日本語化できます。

図9.14: 日本語化したBurp Communityの起動時ダイアログ

図9.15: 日本語化したBurp Communityのダッシュボード

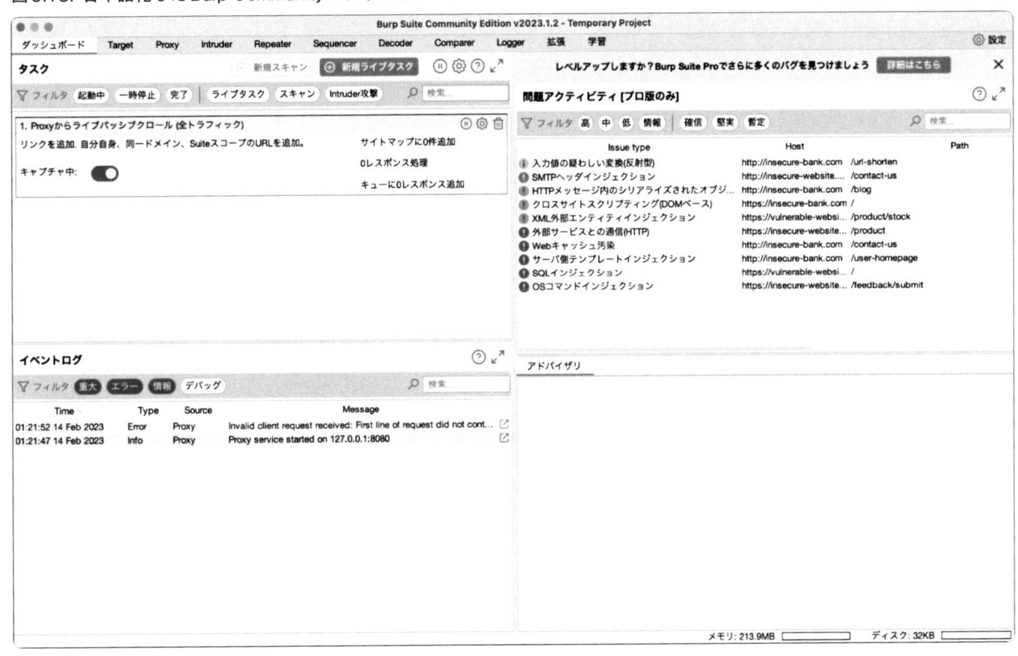

macOS版Burp Suiteへのインストール

Windows版Burp Suiteに対するインストール方法はリポジトリのREADME.mdに記載されていますが、macOS版Burp Suiteでのインストール方法が書かれてません。Windows版と微妙にインストール方法が異なるため、ここで補足します。

1. https://github.com/ankokuty/Belle/releases/latestにアクセスして最新バージョンのbelle.zipをダウンロード
2. belle.zipを任意のフォルダーに解凍
3. 解凍してできた3つのファイルを適切な場所にコピー（後述）
4. Burp Suiteを起動すると日本語化される

【注意】

「belle.jar」と「javassist.jar」および「user.vmoptions」の3つのファイルをBurp Suiteがインストールされているディレクトリにコピーするのですが、ファイルを2箇所に分けてコピーする必要があります。

例）Burp Suite Community Editionの場合

・belle.jar
・javassist.jar
/Applications/Burp Suite Community Edition.app/Contents/Resources/app に保存

・user.vmoptions
/Applications/Burp Suite Community Edition.app/Contents に保存

Burp Suite ProfessionalでBelleを利用する場合は、上記パスの「Burp Suite Community Edition.app」を「Burp Suite Professional.app」と読み替えてください。

「Contents」フォルダの参照は次の手順を実行します。

1. Finderで「アプリケーション」フォルダを開く
2. Burp Suite Community Edition.appまたはBurp Suite Professional.appを右クリックして「パッケージの内容を表示」をクリック

図9.16: パッケージの内容を表示

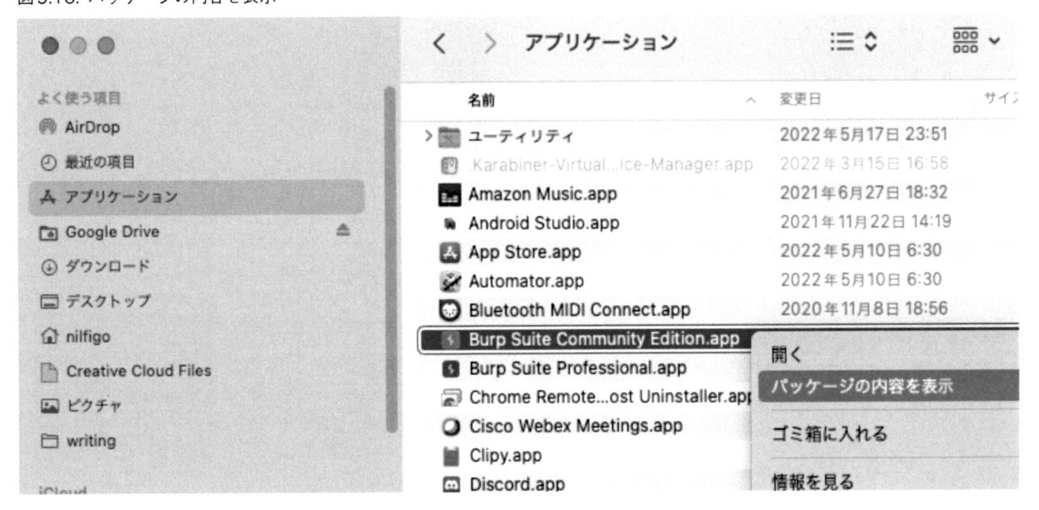

コピーした3つのファイルを削除して、Burp Suiteを再起動すると元に戻ります。一時的に日本語化を停止したい場合は、user.vmoptionsファイルを別の名前（例：user.vmoptions.suspend）に変えると、日本語化が適用されなくなります。

使用上の注意

GitHubリポジトリのREADME.mdに記載されているとおり、利用するにあたり、いくつか注意すべき点があります。

以下に簡易的に列挙しますが、必ずhttps://github.com/ankokuty/Belle/blob/master/README.mdを確認して自己責任で運用してください。

- @ankokutyさん個人が開発したものでBurp Suiteの開発元であるPortSwigger社は一切関係なし。本ツールについてPortSwiggerに問い合わせてはいけない。
- 内部でJava実行環境のバイトコードを変更するため、Oracle社のJava実行環境で使用した場合、バイナリ・コードライセンスに違反する可能性あり。
- Inspector使用時に選択した文字列が意図せず翻訳されてしまう既知のバグあり。
- 影響範囲をGUI表示部分に限定しているつもりだが、送受信したHTTPメッセージも意図せず変換してしまっている可能性あり。

9.4 「外観」の評価

ダークモードはすべてのツールで設定可能ですが、OWASP ZAPのは少々使い勝手がよくありません。

フォントの設定については、どのツールも特に問題はありません。

ツール全体の日本語化については、Burp Suiteは公式に日本語化されていないため、英語が苦手な方が仕事で使用するのはシンドイかもしれません。OWASP ZAPは、完全ではないですが日本語化されています。しかし、ボランティアによる翻訳なので、翻訳の精度に問題がある項目が存在しています。

項目	OWASP ZAP	Burp Community	Burp Professional
ダークモード	★★★☆☆	★★★★☆	★★★★☆
フォント	★★★★☆	★★★★☆	★★★★☆
日本語化	★★★☆☆	★☆☆☆☆	★☆☆☆☆
計（15点満点）	10	9	9

第10章　目的別診断ツールの選び方

本章では、実際に脆弱性診断を実施する人の目的や立場の違いから、どのツールを選ぶのが最適かを解説します。

10.1　予算に応じて

10.1.1　とにかく無償で診断したい！

脆弱性診断の作業に対してどれだけお金をかけられるかは、個人・法人問わず重要な観点です。いくら性能や使い勝手がよくても、金銭的負担が大きいと感じるならば、継続して使用するのが困難だからです。

診断ツールにお金を一切かけたくないのであれば、OWASP ZAPまたはBurp Communityが候補に挙がります。

純粋にお金の都合だけで考えるなら、OWASP ZAPをお勧めします。手動診断に必要な機能がひととおり揃っているの加えて、自動診断ツールも標準装備しているからです。

OWASP ZAPの自動診断ツールは、Burp Professionalのそれに比べると精度が落ちますが、脆弱性診断に不慣れな担当者がお手軽に自動診断を試すにはちょうどいい性能を持っています。報告書作成機能が装備されているのもポイントが高いです。

10.1.2　金額によっては有償でも……

本書で取り上げている3つのツールのなかで、唯一有償なのがBurp Professionalです。ライセンス料は1ユーザかつ1年あたり「$399.00[1]」です。ライセンス購入時に複数年の契約を選択できますが、特に複数年契約による割引はないため、個人で使用するならば単年度の契約をお勧めします。

10.2　ユースケース別

10.2.1　脆弱性診断サービスを他社に提供している

会社のサービスとして脆弱性診断を実施している場合は、問答無用でBurp Professional一択です。これ以外の選択肢は考えられません。

プロとして、お客様に料金をいただいて脆弱性診断を実施するなら、手動診断や自動診断を快適に実施するためのさまざまな機能が実装されたBurp Professionalを使用すべきです。

OWASP ZAPを業務で使用しているセキュリティエンジニアが皆無とはいいませんが、OWASP ZAPでは満足のいく診断作業を実施できないおそれがあります。

1.2022年7月28日現在。2022年7月28日現在の為替レート【1ドル：136.80～137.14】で換算すると54583.2～54718.86円。

10.2.2　バグバウンティに挑戦したい

いわゆるバグバウンティに参加して稼ぎたい！という野望があるのならば、Burp Professional一択です。プロのセキュリティエンジニアが愛用しているツールを使用しない手はありません。

毎年5万円以上かかるライセンス料は、バグバウンティで稼げばいいのです。

10.2.3　Webアプリケーションのテストを担当している

あなたがWebアプリケーションやスマホアプリ開発をしているのなら、APIによって診断作業を自動化できるOWASP ZAPをオススメします。

OWASP ZAPに備わっているAPIを利用すると、CI/CDの一環として脆弱性診断を実施できます。

なお、CI/CDにより自動的に脆弱性診断を実施できるようにするのは簡単ではありません。CI/CDの知識に加え、OWASP ZAPの機能に対する深い理解が必要になるからです。

10.2.4　個人の趣味として脆弱性診断を楽しんでいる

たとえば、自分が趣味で作成したWebアプリケーションに対して脆弱性診断を実施したいという場合、メニューやヘルプメッセージなどがそれなりに日本語化されているOWASP ZAPをオススメします。

脆弱性診断のやり方がわからなくても、自動診断ツールによりそれなりの結果を得ることができます。さらに、結果をHTMLやJSONなどのさまざまな形式で出力できるのもポイントが高いです。

おわりに

最後までお読みいただき誠にありがとうございます。

快適で効率の良い脆弱性診断作業に本書が寄与することを願ってやみません。

著者紹介

松本 隆則（まつもと たかのり）

JavaやPHP、PythonなどによるWebアプリケーション開発業務を経験したのちにセキュリティエンジニアとなる。2014年にコミュニティ「脆弱性診断研究会」を立ち上げ、ハンズオンセミナーや技術同人誌頒布などを通じて脆弱性診断の考え方や手法などの啓蒙活動を行う。国際的なセキュリティの非営利団体「OWASP」が公開するオープンソースの脆弱性診断ツール「OWASP ZAP」に関連するコミュニティ活動が認められ、2019年に「ZAP Evangelist」に登録された。

◎本書スタッフ
アートディレクター/装丁：岡田章志＋GY
編集協力：山部 沙織
ディレクター：栗原 翔
〈表紙イラスト〉
Josh
東京都在住フリーランスイラストレーター
LinkedInプロフィール：www.linkedin.com/in/josh-art

技術の泉シリーズ・刊行によせて
技術者の知見のアウトプットである技術同人誌は、急速に認知度を高めています。インプレス NextPublishingは国内最大級の即売会「技術書典」（https://techbookfest.org/）で頒布された技術同人誌を底本とした商業書籍を2016年より刊行し、これらを中心とした『技術書典シリーズ』を展開してきました。2019年4月、より幅広い技術同人誌を対象とし、最新の知見を発信するために『技術の泉シリーズ』へリニューアルしました。今後は「技術書典」をはじめとした各種即売会や、勉強会・LT会などで頒布された技術同人誌を底本とした商業書籍を刊行し、技術同人誌の普及と発展に貢献することを目指します。エンジニアの“知の結晶”である技術同人誌の世界に、より多くの方が触れていただくきっかけになれば幸いです。

インプレス NextPublishing
技術の泉シリーズ　編集長　山城 敬

●落丁・乱丁本はお手数ですが、インプレスカスタマーセンターまでお送りください。送料弊社負担にてお取り替えさせていただきます。但し、古書店で購入されたものについてはお取り替えできません。
■読者の窓口
インプレスカスタマーセンター
〒101-0051
東京都千代田区神田神保町一丁目105番地
info@impress.co.jp

技術の泉シリーズ
ステップアップ脆弱性診断
ツールを比較しながら初級者から中級者に！

2023年4月21日　初版発行Ver.1.0（PDF版）

著　者　松本 隆則
編集人　山城 敬
企画・編集　合同会社技術の泉出版
発行人　高橋 隆志
発　行　インプレス NextPublishing
〒101-0051
東京都千代田区神田神保町一丁目105番地
https://nextpublishing.jp/
販　売　株式会社インプレス
〒101-0051　東京都千代田区神田神保町一丁目105番地

印刷・製本　京葉流通倉庫株式会社
Printed in Japan

ISBN978-4-295-60146-3